成长智慧丛书 | 陆明主编

THE SCROLL MARKDE

羊皮卷

改变命运的智慧宝典

陆明◎编著
张振祥◎编译

中国文史出版社

图书在版编目（CIP）数据

羊皮卷/陆明编著；张振祥编译．—北京：中国文史出版社，2019.9（2019.11 重印）

（成长智慧丛书／陆明主编）

ISBN 978－7－5205－1342－5

Ⅰ．①羊… Ⅱ．①陆… ②张… Ⅲ．①成功心理－通俗读物 Ⅳ．①B848．4－49

中国版本图书馆 CIP 数据核字（2019）第 201756 号

责任编辑：刘　夏

封面设计：周　飞

出版发行：中国文史出版社

社　　址：北京市海淀区西八里庄路 69 号 邮编：100036

电　　话：010－81136606 81136602 81136603（发行部）

传　　真：010－81136655

印　　装：天津昊天印务有限公司

经　　销：全国新华书店

开　　本：880×1230　1/32

印　　张：24　　　字数：395 千字

版　　次：2019 年 9 月北京第 1 版

印　　次：2019 年 11 月第 2 次印刷

定　　价：160.00 元（全四册）

前 言

在阿拉伯沙漠地区，流传着一个古老的关于羊皮卷的故事。2000多年前，有一个叫海菲的孤儿，靠为主人喂养骆驼过着贫穷而卑贱的生活。后来，他爱上了一位富商的女儿。强烈的爱情促使他急切地想改变自己的境况，立志要“当一个全世界最伟大的商人、最有钱的富翁、最成功的推销员”。他的真诚和激情感动了他的主人——富甲一方的皮货商柏萨罗。为了试验海菲的意志，柏萨罗交给海菲一件昂贵的袍子，让他到偏远的小镇上去推销。

但海菲失败了：出于怜悯，他把袍子送给了山洞里一个即将冻毙的婴儿。

当海菲两手空空、满心羞愧地返回时，一颗明星一直跟随着他，在他头顶闪烁。

柏萨罗意识到这是上帝的启示，原来海菲就是他一直寻找的传人。于是，柏萨罗交给海菲 10 张神秘的羊皮卷，并告诉他：“每一张羊皮卷都记载着一种原则、一种规律，或者说一种真理……如果掌握了它们，就可以随心所欲地拥有财富。”

在羊皮卷的鼓舞下，海菲离开了主人，开始了独立谋生的推销生涯。在漫长的奋斗中，海菲矢志不渝地身体力行羊皮卷中的原则。若干年后，海菲终于成为世界上首屈一指的富豪，并娶了热恋已久的姑娘。

羊皮卷

2000 多年前，10 张古老的羊皮卷使海菲从一穷二白走向成功。在当代，《世界上最伟大的推销员》的作者，美国杰出企业家、作家、演说家奥格·曼狄诺与海菲也有类似的经历，也是在“羊皮卷”的激励下获取了成功。

奥格·曼狄诺 1925 年出生于美国东部一个平民家庭，在 28 岁以前完成了正常的教育并成立了家庭。此后，他内心世界发生了剧烈转变，开始像脱缰的野马一样毫无理性地瞎撞，酗酒、打架斗殴、夜不归宿……最后，在一次冲动中犯下不可饶恕的错误，并因此失去了一切，赤贫如洗。

突如其来的变故引起曼狄诺深切的忏悔和反思，他决心寻找支配人生命运的种种法则，并以此获取人生本应享有的成功、财富和幸福。

一次，奥格·曼狄诺到教堂向神父忏悔，并表达了自己的决心。神父深受感动，给了他许多安慰。临别时，神父递给曼狄诺一张小纸条：“孩子，你要寻找的答案都在里面。”回来后，曼狄诺激动地打开纸条，上面罗列着 7 本书的名字：《人性的弱点》（戴尔·卡耐基）；《思考致富》（拿破仑·希尔）；《伟大的励志书》（奥里森·马登）；《唤起心中的巨人》（安东尼·罗宾）；《自己拯救自己》（塞缪尔·斯迈尔斯）；《最伟大的力量》（马丁·科尔）；《获取成功的精神因素》（克来门特·斯通）。

曼狄诺如获至宝，搜遍全城所有的图书馆，把 7 本书借来，每天反复阅读。渐渐地，他心中的迷雾消散了，他坚信已找到了支配命运的法则，决定立即付诸行动。他曾在第一张羊皮卷中写道：

今天，我开始新的生活。今天，我爬出满是失败创伤的老茧。今天，我要用全身心的爱面对世界……

在以后的时间里，曼狄诺从最简单、最底层的工作做起，一步步往上攀登。他做过卖报人、推销员、业务经理……他愈挫愈勇、百折不挠，以强有力的手扼住命运的咽喉，终于在35岁时创办了成功无止境杂志社，实现了多年的梦想。

1968年，44岁的曼狄诺已功成名就，但他仍然珍藏着当年神父赠给他的那张纸条。为了让更多的人掌握成功的秘诀，他决定写一本书，将纸条上的7本书的思想精华结合亲身经历融为一炉。于是，《世界上最伟大的推销员》诞生了。该书一经问世，即被译成22种语言，风靡全球，激励了无数人。

现在，我们将曼狄诺当年赖以成功的7本书辑成一册，奉献给读者。相信它也将改变你的命运，带给你成功、财富和幸福。

目　录

第一卷　人性的弱点

第二卷　思考致富

第七卷　获取成功的精神因素

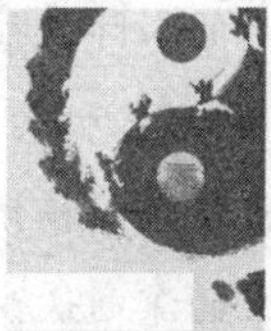

第一卷

人性的弱点

原著［美］戴尔·卡耐基

关于本书

《人性的弱点》汇集了“20世纪最伟大的人生导师”“美国现代成人教育之父”戴尔·卡耐基最重要、最丰富的经验。

畅销书《心灵鸡汤》的作者马克·维克多·汉森指出：“成功如此简单，只要遵循卡耐基先生在《人性的弱点》中教给你的简单适用的人际交往准则，你就一定能获得成功。”

《人性的弱点》自1937年问世以来，被译成各种文字，成为西方最持久的畅销书之一。此书之所以成为永恒读物，就在于卡耐基对人性的深刻认识，以及他为根除人性弱点所提出的方法。正如卡耐基所言：“一个人的成功，只有15%归结于专业知识，还有85%归结于表达思想、领导他人及唤起他人热情的能力。”

《人性的弱点》是一本充满幽默、智慧的书，旨在帮助你解决面临的最大问题，即教你如何在日常生活、商务活动及社会交往中与人打交道；如何击败人类的生存之敌——忧虑，以创造幸福美好的人生。

把握人际交往的命脉

“互惠互利”是人际交往的根基

人与人之间的相处如做不到“互惠互利”，就不可能建立和谐融洽的人际关系。如果你从别人那里得到了恩惠，就应该给予别人报答。这就是互惠互利的根本所在，也是建立良好人际关系的前提。

“互惠互利”并不仅仅指功和利的方面。在日常生活中得到他人关照时，如在工作上得到他人的帮助或下班后别人请自己吃饭等，就要以某种方式表达感激的心情，这也是互惠互利。

这里所说的关照是指传递爱心，表达感激心情的方式，不局限于赠送礼品。在看到给予自己关照的前辈很忙时，问一声“我能帮些什么”，也是很好地表达感激心情的方式，也是互惠互利的根本精神所在。这种关照对方的精神会让你获得良好的人际关系，你的事业也一定会蒸蒸日上。

相反，认为“一定有谁会帮助我”“别人会主动与我交谈”“周围的人也想和我建立良好的人际关系”，那你永远也不能主动与别人交谈，永远也不会建立良好的人际关系。

如果能珍惜每一次与别人接触的机会，积极主动地关照别人，你一定会有一个和谐融洽的人际关系，你的一生也会因此而受益。

记住他人的名字

记忆名字与辨认面孔是认识人必不可少的两个方面，如果只知其一不知其二，就会出现人名与本人对不上号的现象。

卡耐基告诉我们，姓名是最甜蜜的语言。如果能在第一次见面时就记住他人的名字，这会使你更容易走向成功。

吉姆没有受过高等教育，却在46岁时得到4所大学赠予的荣誉学位，并成为民主党全国委员会的负责人，最后爬上美国邮政部长的宝座。因为他有个专长——一次见面，就能牢记对方的姓名。

吉姆曾是一家石膏公司的推销员，当时他就发现了赢得他人喜欢的方法。他与别人初见，就将对方的姓名、家庭情况、政治见解等牢记在心，下次再见面时，都能问问对方家里人的情况及庭院里的树长得怎样之类的问题。难怪认识他的人都非常喜欢他。

吉姆早就发现，一般人对自己的姓名十分关心。如果有人记得对方的名字，就会使对方产生莫大的好感，这比无聊的奉承更具魔力。相反，忘记或写错别人的名字，很可能招致麻烦。

对方若是显要人士，就更应用心记住。拿破仑三世记名字的办法是用心、手、眼、耳、嘴，很有效果。说出对方的姓名，这会成为他所听到的最甜蜜的声音，无疑会为你的人际关系增加重要的砝码。

学会真诚地赞美别人

期望和享受欣赏是人类的基本需求。我们在付出必要劳动和热情后，都期待别人的赞美。把自己需要的东西首先慷慨地奉献给别人，这无疑是在给人际交往添加润滑剂。

林肯有一次在写信时，开门见山地说："任何人都喜欢受人奉承。"美国心理学家威廉·詹姆斯说："人性深处最大的欲望，莫过于受到外界的认可与赞美。"

人类大部分的成功都源于对这种需求的满足。许多在事业上卓有成效的伟人懂得这一点——真诚地赞美他人。罗斯福的才能，就表现在对正直人给予恰当的称赞上。

适度的赞美和鼓励就像一首优美的乐章，在人们心中萦绕不去。当然，如果赞美并非发自内心，而是流于肤浅、做作的巴结或谄媚，将是毫无意义的。虚假的赞美就像假钞一样，胡乱使用会惹来一身麻烦。

只要给予他人由衷的认可和毫不吝惜的赞美，人们自会感怀在心，牢记你的每一句话，慢慢地品味、咀嚼。

做一名好听众

当人们希望别人能分享自己的思想、感情及经验时，就需要听众。这是十分微妙的自我陶醉心理：有人愿意听就感到高兴，有人乐意听就觉得感激。因此，在人际交往中，做一名好听众不失为绝妙的方法。

譬如，一名推销员向顾客推销时，对顾客提出的种种问题表示关切，顾客就会很开心。此时，顾客不仅乐意讲，也愿意听你讲。这是一种互惠的关系，这种关系就是商业谈判成功的第一步。

一言以蔽之，成为一名好的听众，有助于建立融洽的人际关系，善于倾听等于向成功迈出了一大步。

在生意上，因漏听而导致失败的例子相当多。如果上级有指示下来时，若没有听清楚或有所误解，事情就无法处理得尽善尽美。因此，你应当训练"听"的能力，不致因发生听觉错误而导致失败。

会听是人们必备的素质，缺乏这种能力就容易误解或漏听别人所说的话，也无法从别人身上学到东西。缺乏听话能力会使你在攀登成功阶梯时倍感吃力。

怎样才能掌握建立良好人际关系所必需的交流技巧呢？在和不熟悉的人交谈时，最重要的是要有与人交流的渴求，愿意与对方交谈，并且在交谈时真诚自然。只要能做到感兴趣地听，交谈就会取得90%的成功。在自己作为谈话者时，对方很感兴趣地听你讲话，你当然愿意继续说下去。所以，使交流取得成功的第一步就是对对方所谈的话题感兴趣并用心听对方的谈话。

当然，也不能只是听对方的谈话，自己偶尔也要跟着说几句。这样，对话就可以顺着自己的问话展开，谈话就得以顺利进行。可是，仅仅如此还不够。交谈时，要按照说者和听者互换位置的规则，交谈才能平稳进行。

交流是相互的、双向的。听完对方的谈话后，自己也要说些自己的话题。这样就可以使自己变成说者，使对方变成听者。如此不断互换位置的谈话就像投接球的练习一样，是交流取得成功的关键。

微笑具有神奇的力量

卡耐基对微笑有这样的描述："它在家中产生，它不能买、不能求、不能借、不能偷，因为在人们得到它之前，它对谁都无用。它在给予人之后，会使你得到别人的好感。它是疲倦者的休息，失望者的阳光，悲哀者的力量，又是大自然免费赋予人们的一种解除苦难的良药。"

如果你希望别人用高兴、欢愉的神情来对待你，你必须先要用这样的神情去对待别人。行为胜于言论，对人微笑就是向他人表明："我喜欢你，你使我快乐。"

人是很容易被感动的，而感动一个人靠的未必都是慷慨的施舍、巨大的投入。一个热情的问候、温馨的微笑，足以在人的心灵中洒下阳光。

那怎么去做呢？至少有两件事可行。要强迫自己微笑。如果你独在一处，可勉强自己吹吹笛子，或哼哼调子，唱唱歌。做出快乐的样子，那就能使你快乐。哈佛大学教授威廉·詹姆斯说过："行动好像是跟着感觉走的，可事实上，行动和感觉是并行的。所以，你需要快乐时，就要强迫自己快乐起来。"

每个人都希望和别人友好相处，但只有一个确实有效的方法，那就是对别人微笑。那么，别人也会对你微笑，并且愿意和你交往。

如果你想成为人际交往的高手，就应该谨记：将微笑作为你的通行证。

获取成功大门的钥匙

目标是成功的基石

卡耐基说过："一个不甘平庸的人，必须要有一个明确的追求目标，才能调动自己的智慧和精力。"

目标是构筑成功的基石，是成功路上的里程碑。目标能给你一个看得见的靶子，你一步一个脚印去实现这些目标，就会有成就感，就会信心百倍，向高峰挺进。在目标的推动下，人就能被激励、鞭策，处于一种昂扬、激奋的状态下。

目标是一种持久的热望，是一种深藏心底的潜意识。它能长时间调动你的创造激情，调动你的心力。为了目标的实现，你会勇敢地超越自我，跨越障碍，踏出一条坦途。

目标是信念、志向的具体化，奋斗者一定要有梦想，并敢于做"大梦"，梦想正是步入成功殿堂的动力源泉。梦想的目标一旦确立，就会万难不屈、坚毅果敢，充分发掘自己的潜能，将自己的才华优势发挥到极致。一个人能否成功，确定目标是首要的战略问题。目标能够照亮人生、规范人生，是人生成功之第一要义。忽视目标定位的人，或是始终确定不了目标的人，他的努力就会失去方向，绝难达到理想的彼岸。确立目标，是人生设计的第一乐章。

目标对于成功，犹如地基对于高楼一样，目标是成功的基石。对于成功来说，一个人过去或现在的情况并不重要，而未来想要获得什么成就，要有怎样的追求才是最重要的。

行动是成功的捷径

卡耐基一再告诫我们："一张地图，不论它多么详细，比例尺有多么精密，绝不能带它的主人在地面上移动一寸。一本羊皮纸的法禅，不论它有多么公正，也绝不能预防罪行。一册卷轴，绝不会赚一分钱或制造一个赚钱的字。只有行动，才是导火线，才能点燃地图、羊皮纸、卷轴的价值。行动，才是哺育成功的食物和水。"因此，我们必须铭记"行动"这个成功准则，绝不拖延和犹豫。

我们不能逃避今天的责任而等到明天去做，因为明天是永远不会来临的。我们要现在采取行动。我们要现在采取行动。我们要现在采取行动。从今以后，我们要一遍又一遍地重复这句话，直到这句话成为像呼吸的次数一样多，而跟在它后面的行动，要像眨眼睛那种本能一样迅速。有了这句话，我们就能振作精神，实施使我们成功的每一个行动。

只有行动才能决定我们在市场上的价值。要想提高我们的价值，就要加强我们的行动。我们要走到失败者怕走的地方去。当失败者想休息时，我们要工作。当失败者仍在沉默时，我们要说话。当失败者在制订庞大的计划去访问一家客户时，我们要访问 10 家客户。当失败者说太迟时，我们要说已经做好了。

狮子饥饿时会吃，苍鹰干渴时会喝。如果它们不采取行动，两者都会灭亡。

成功不会等待，财富也不会从地下冒出来。所以，我们现在就要起而行动，为成功、为致富而一往直前地行动。只有行动才是成功的捷径。

良好的人际是成功的关键

成功人士共有的特点是什么？《行销致富》的作者史坦利说：“答案是一本厚厚的名片簿，更重要的是他们广结人际网络的能力。”成功人士不仅晓得有谁蕴藏在他们厚厚的名片簿里，更愿意把这些资源与其他成功人士分享。

魏斯能在《不上则下》中指出：“人际网络背后的意义，比一般人所能想到的还深远。”这是他访问了280位企业总裁后得出的结论。他说：“那些企业总裁致力于发展‘双赢’互惠关系的基础。虽然每个人都有步步高升到金字塔顶端的精彩故事，但大多数人都把他们的成功归于身旁人的提拔。”

美国作家柯达说：“人际网络非一日所成，它是数十年来累积的成果。如果你到了40岁还没有建立起应有的人际关系，麻烦就大了。”

成功源于奋斗

卡耐基认为，一个人不应受制于他的命运。世界上有许多贫穷的孩子，他们虽然出身卑微，却能做出伟大的事业。富尔顿发明了小小的推进机，结果成了美国著名的大工程师；法拉第仅仅凭借药房里几瓶药品，成了英国有名的化学家；惠德尼靠着小店里的几件工具，竟然成了纺织机的发明者。此外，贝尔竟然用最简单的器械发明了对人类文明有巨大贡献的电话。

失败者的借口总是：“我没有机会！”失败者常常说，他们所以失败是因为缺少机会，是因为没有有力者垂青，好位置总被他人捷足先登。可是，有意志的人绝不会找这样的借口。他们不等待机会，也不向亲友哀求，而是靠自己的奋斗去创造机会。

人们往往把希望要做的事业看得过于高远。其实，无论多么伟大的事业，只要从最简单的工作入手，一步一个脚印地前进，便能达到事业的顶峰。

伟大的成功和业绩永远属于那些富有奋斗精神的人们，而不是那些一味等待机会的人们。应该牢记，良好的机会完全在于自己的创造。如果以为个人发展的机会在别的地方、在别人身上，一定会遭到失败。机会包含在每个人的奋斗之中，正如未来的橡树包含在小小的果实里一样。

赢得伟大友谊的方法

友谊的力量

爱默生说过："一个真挚的朋友胜于数个狐朋狗友。"的确，除了自己的力量之外，再也没有别的力量能像真挚的朋友一样，帮助你去实现成功。

一个思想与你接近、理解你的志趣、了解你的优势和弱点、能鼓励你全力以赴地干每一件正当的事、能消除你做任何坏事的不良意念的好友，不知道会增加你多少能量、多少勇气。

那些在任何环境下都能与任何人交上朋友、能建立起真挚友谊的人，朋友对他生存竞争的帮助、对他事业发展的价值是无可估量的。

我们知道有人信任我们，这是一件极快乐的事，能使我们的自信得到增强。在我们成功的过程中，最重要的一件事是对生活保持高标准的要求。远大的抱负将有助于我们做到这一点。但对于朋友，我们一定不能苛求完美，或者是对他们抱太高的期望。"水至清则无鱼，人至察则无徒。"

观察那些没有任何朋友的人，你将在他身上发现某些不对劲的东西。如果他值得成为一个朋友的话，他不会至今还是孤家寡人。

真诚的态度可以赢得朋友

朋友是我们精神上的鼓舞、心灵上的安慰，是我们生活中的助手与参谋。

但是，朋友并不会无缘无故地为你提供帮助，只有当你成为他们欣赏赞美的人，他们才能热情地、无私地对你进行帮助，使你摆脱困境。

有的人号称朋友无数，可一到大难临头，朋友便各自飞散。因为他没有用真诚去打动人，过于注重形式主义。而那些能够抓住朋友的心，赢得别人尊重的人，都是以人格的力量、诚挚的态度对待朋友的人。

“一个人只要对别人真诚，在两个月内就能比一个要别人对他真诚的人在两年内所交的朋友还要多。”这是卡耐基讲的交友秘诀。如果我们只对自己真诚，而对别人不真诚，是不会交到朋友的。

奥地利心理学家阿尔·阿德勒说：“对别人不真诚的人，他一生中困难最多，对别人的伤害也最大。”

美国作家海明威朋友众多。他交友不以名气为准，不少名气不大或地道的小人物也和他成为莫逆之交。为什么他有这么多朋友呢？原因就是他对任何人都真诚，“朋友”二字对他来说至高无上。

一个人若老是对别人冷冷淡淡、只顾自己、打自己的算盘，他一辈子都很难交到朋友，也没有人愿意请教他。但假使他能常常设身处地地为他人的利益着想，他就能获得别人的信赖。

你以真诚待人，必能得到他人真诚的回报。

结交诤友的方法

每个人都有自己的品性，对待朋友的态度和原则也各不相同。有的人每天向你耳边尽吹好听之言，有的人经常给你提个醒，或者提出批评，看到你不对就修理你；有的人热情如火，有的人冷漠似冰；有的人与你交友是因为你对他有利，有的人交友则完全出于热心……

经常给你提出批评意见的朋友似乎有点令人讨厌，因为他说的都不大中听。你向他道出自认得意的事，他却偏偏泼来一盆冷水；你热情地描绘满腹的理想与计划，他却毫不留情地指出其中的问题，甚至不分青红皂白地把你的缺点数落一顿。反正，你听到的都是不顺耳的话。但如果你冷静思索一番就会发现，其实这种人大有可交的一面。如果错过了这样的人，未免有点可惜。

碰到光说好话的人便乐意得不得了，不知是非；如果他人之言稍有不顺，就觉得别人不怀好意，或者有意给自己难堪。这两种交友的态度都不对。如果细加思索，你就不难明白这两种朋友孰好孰劣。

如果有人经常给你提出意见，你首先应觉得这种人可贵，然后再细加分析。如果他所提逆言都是事实，对你有利，那就是“忠言”。俗话说：“忠言逆耳利于行。”对于这种人，你就应与之诚交、深交。当然，也有不怀好意的逆言。如果他所说的与事实不符，甚至无中生有，还当众让你难堪，那就要分析其真实意图了。

掌握交友的技巧

你若想交到真正的朋友，必须掌握交友技巧，学会在友谊中记住和忘记一些事情。这样，才能使你的友谊之树常青，并且赢得更多的友谊。

有一次，阿拉伯作家阿里和朋友吉伯、马沙一起去旅行。三人行至一个山谷时，阿里失足滑落，幸而吉伯拼命拉他，才将他救起。阿里就在附近的大石头上刻下：“某年某月某日，吉伯救了阿里一命。”三人继续走了几天，来到一处河边，吉伯与阿里为了一件小事吵起来，吉伯一气之下打了阿里一耳光。阿里就在沙滩上写下：“某年某月某日，吉伯打了阿里一耳光。”

旅游回来之后，马沙好奇地问阿里：“为什么要把吉伯救你的事刻在石上，将吉伯打你的事写在沙上?”阿里回答：“我永远都感激吉伯救我。至于他打我的事，随着沙滩上字迹的消失，我会忘得一干二净。”

正如阿拉伯诗人萨迪所说的：“谁想在困厄中得到援助，就应在平日待人以宽。”记住别人对我们的恩惠，洗去我们对别人的怨恨，我们才能结交到更多的朋友。

掌握说服他人的技巧

以友善征服他人

假如你在与人争论中发起脾气来，向对方发作一通，你固然非常痛快地发泄了情感，但对方会怎样？他可能同意你的意见吗？贪图一时的痛快，将会使你说服对方的计划变得异常艰难。

1915 年，洛克菲勒在科罗拉多州是个极受轻视的人。从那年开始，美国实业史中流血最多的工潮持续了两年之久。愤怒的矿工涌向科罗拉多煤矿公司要求加薪，而这家公司为洛克菲勒管理。公司的所有建筑物全被毁坏，军队也被调动出来，罢工者被枪击。

在那个时候，空气中充满了仇恨。洛克菲勒需要罢工者同意他的意见，而且他真的做到了。怎样做的呢？费了数星期交涉后，洛克菲勒将事故用极友善的态度平息下去，他对工人代表进行了演说。这篇演说产生了惊人的效果，使仇恨风浪平静了下去，使他得到许多人的赞赏，也使罢工工人开始回去工作。

洛克菲勒演讲的对象正是几天前发誓要将他吊在树上的人。但他的演讲，比传道牧师演讲的话更仁慈、更友善。下面是演讲的开端，请注意他是如何充满了友善的精神：

“这是我一生中值得纪念的一天，这是我第一次有机会这样幸运地与这个公司的劳方代表、职员及监督们聚在一起。我可以确实地告诉你们，我以到这里来为荣幸。我活着一天，就一天也不会忘了这次集会。如果两星期前举行这场集会，我站在这里对你们中的大多数人来说就会是一个陌生人，只认识少数的面孔。上星期我得到机会访问所有在南煤区的住所，并与差不多所有的代表——除去外出的进行个别谈话；我访问过你们的家庭，见过你们中间许多人的妻子和儿子，我们在这里相见，不是陌生人，而是朋友。也就是在这种互相友善的精神中，我觉得幸运的是有这种机会同你们讨论我们共同的利益。这次集会是公司职员及工人代表的集会，正是因为你们的厚爱，我才能到这里来。虽然我不是公司职员，也不是工人代表，但我觉得我与你们的关系密切，因为从另一个方面，我代表股东及董事双方。”

这个实例证明，友善是最能征服人的一件“利器”。如果你能将“友善”运用得炉火纯青，你就已经掌握了最有力的说服他人的技巧。

给别人留足面子

俗话说：“人活脸，树活皮。”此话道出了人性的一大特点：爱面子。可是，我们不能只爱自己的面子，而不给他人面子。每个人都有一道最后的心理防线，一旦我们不给他退路，不让他人走下台阶，他只好使出最后一招——自卫。当我们遇事待人时，应谨记一条原则：给别人留足面子。

在我们说服别人的过程中，如果能给对方留足面子，就会很容易地达到目的。

一家百货公司的一位顾客要求退回一件外衣。她已把衣服带回家并穿过了，只是丈夫不喜欢。她解释说“绝没穿过”，并要求退换。售货员检查了外衣，发现有明显干洗过的痕迹。但是，直截了当地说明这一点，顾客是不会轻易承认的。于是，机敏的售货员说：“我很想知道是否是你们家的某位成员把这件衣服错送到干洗店去。我记得不久前我也发生过同样的事情。我把一件刚买的衣服和其他衣服堆在一起，结果我丈夫把那件新衣服和一大堆脏衣服一股脑儿塞进洗衣机。我怀疑你是否也会遇到这种事情，因为这件衣服的确看得出被洗过的痕迹。不信的话，你可以跟其他衣服比一比。"

顾客知道无可辩驳，而售货员又为她准备好了借口，给了一个台阶下。于是，她乖乖地收起衣服走了。

这是每个说服者都懂得的：让别人保全他们的面子。即使对方犯错，而我们是对的，如果没有为别人保留面子，也会发生不必要的争执。因此，你要说服他人就必须遵循这一原则：你要帮助别人认识、改正错误，并保全他们的面子。这样，你的说服工作就会事半功倍。

让对方开口说是

促使对方说"是"的方法很多，这里就教给你如何以最简单的方法，促使他人对你说"是"。

当你与别人交谈时，要先讨论对方同意的事，而且不停地强调。因为你的目的是与对方达成共识，而不是寻找彼此的相异之处。

让对方一开始就说"是"，最好让对方没有机会说"不"。

使对方说"是"，其实比想象中的要容易。这是一种很简单的技巧，却为大多数人所忽略。懂得说服技巧的人，一开始就得到许多"是"的答复。在现实生活中，这种"是"的反应很有用处。詹姆斯·艾伯森是格林尼治储蓄银行的出纳，他就是采用这种办法挽回了一位差点就失去的顾客。

有个年轻人要开个户头，艾伯森递给他几份表格让他填写，但他断然拒绝填写有些方面的资料。在没有学习人际关系课程以前，艾伯森一定会告诉客户，假如拒绝向银行提供完整的个人资料，我们是很难给他开户的。但艾伯森突然想，最好不要谈及银行需要什么，而是顾客需要什么。所以，艾伯森决定一开始就先诱使他回答"是"。于是，艾伯森先同意他的观点，告诉他那些他拒绝回答的资料其实并不是非写不可。

"但是，假定你碰到意外，是不是愿意银行把钱转给你指定的亲人?"

“是的，当然愿意。”他回答。

“那么，你是不是认为应把亲人的名字告诉我们，以便我们届时依照你的意思处理，而不致出错或拖延?”

“是的。”他再度回答。

年轻人的态度缓和下来，知道这些资料并非仅为银行而留，而是为了他的利益。最后，他不仅填下所有资料，而且开了一个信托账户，指定他母亲为法定受益人。当然，他也回答了所有与母亲有关的资料。

由于一开始就让他回答“是”，反而使他忘了原本存在的问题，而高高兴兴地去做艾伯森建议的所有事情。

如果你要说服他人，就请记住这个原则：设法使对方开口说“是”。

情理劝诫

在沟通中，能够有效劝诫别人也是一种说服技巧。劝诫的基本方式分两种：以情劝诫和以理劝诫。

以情劝人，重的就是情字。要讲情，就要从对方的心理出发，发现对方心理所需，才能做到动之以情。

以情劝诫要以对方的某种情感需要为切入点，再进一步扩展思路，向对方由表及里、由此及彼地劝说，以感情感化对方，达到劝诫的目的。

而以理劝诫则必须先具有充足的理由，然后循循善诱，以理导人，再以理结尾，最后达到使人茅塞顿开的效果。

相声演员马季发现他的学生姜昆写相声段子时，一写就是写唱段。他感到，这固然是因为姜昆嗓子好，想充分发挥自己的特长，但只写唱段，不利于全面发展。为此，马季总想找个机会向姜昆指出这一点。

一天晚上，姜昆来到马季家，见马季正在做晚饭，便问道：“你做什么饭吃呀？”马季答：“炒饼。”姜昆问：“早上吃的什么？”马季答：“炒饼。”姜昆又问：“中午呢？”马季答：“还是炒饼。”姜昆很有感触地说：“你怎么搞的，一天三顿都吃炒饼。”马季朝姜昆一笑：“其实，吃饭和你那聊话（即相声段子）一样，总吃一样饭就让人腻，只有隔三岔五地变变花样才有新鲜感。要想把饭做好，还得练就蒸花卷、焖米饭的本领……”

这句话听似寻常，但从中引发出来的深刻含义给了姜昆启示。从此，他不仅丰富完善了唱段的写作，也不断开拓新的表现手法，使自己的相声技艺得到很大提高。

用讲道理来劝说别人，远比你用高压态度命令别人做事有效得多。情理劝诫是一种很有效的说服别人的技巧。

正确对待自己的工作

正确对待自己现有的工作

有些人对待自己的工作不是认真、负责的，而是抱着“混”的态度。他们认为，只要每个月将工作“混”过去，将薪水“混”到腰包里，将单位的上司或公司的老板骗过去就行了，并得意地声称：“我并没有好好上班，可工资一分钱也没少拿。”

为了可以不认真地工作，他们费尽了心血，找各式各样的借口，所花费的精力和“聪明才智”可能比真正工作还要多。

这些人自以为是聪明人，因为他将别人骗了。但我们真该为这些人惋惜，因为他们实在算不上真正的聪明人。他们骗的不光是别人的薪水，而且骗了自己的青春和生命。到最后他们就会发现，吃亏最大的是自己。一个人的工作态度在很大程度上显示出他是否有担负更大责任的可能，也决定了他在事业上的成就。

因此，我们应该树立一种积极的工作观，以积极、认真的态度对待自己的工作。对工作热忱的人，不论他遇到多少困难，或者需要多少努力，他都会用不急不躁的态度去进行。只要你抱着这种态度，你就一定会达到你人生的目标。

保持积极的工作态度

积极的工作态度可以使你顺利地完成工作任务，并且可以使你获得成功。

有人问三个正在砌砖的工人：“你们在干什么？”第一个工人说：

“我在砌砖。”第二个工人说：“我在做一件每小时工资9美元的工作。”第三个工人说：“我在建造一座世界上最美丽的大厦。”

几年后，前两个人继续砌砖，因为他们没有远见，不重视自己的工作，不会去追求更大的成就。第三个则成了建筑师，因为他的工作态度使他更上一层楼，最后取得成功。

一个人的工作态度确实能显示出他是否有担负更大责任的可能。有一个经营“职业介绍所”的人指出：“我们在分析应聘者能否适合某个工作时，经常要考虑他对目前工作的态度如何。如果他认为自己的工作很重要，我们就会留下很深的印象，即使他对目前的工作不满也没有关系。道理很简单，如果他认为目前的工作很重要，他对下一个工作也可能抱着‘我以工作成就为荣’的态度。我们发现，一个人的工作态度跟他的工作效率确实有密切的关系。”

就像你的仪表一样，你的工作态度会向你的上司、同事、部属及你接触的每一个人展现你的内在。

在工作中享受快乐

当今社会，越来越快的工作节奏打破了原有的生活规律，甚至夺走了生活本身的幸福与舒适。要在现代社会这样快节奏的工作缝隙中找寻生活固有的快乐，就需要我们在工作与生活之间权衡把握，改变旧有的对待工作的观念。

如果我们只是将自己的工作当作谋生手段，我们肯定不会去重视它、喜欢它，进而热爱它。但如果我们能在心灵深处将它看作一种深化、拓宽我们阅历的途径，一种使我们的生存价值能够充分体现的方式的话，我们肯定会从心底里重视它、喜欢它、热爱它，从工作本身寻找到许多快乐。

工作观念的改变，给我们提供了新的机遇，也提出了新的挑战，适应变化并捕捉变化中的机会，你就能立于不败之地。

只有懦夫才会害怕变化，只有故步自封的人面对变化才会退缩，成功者要在变化中寻找成功的机会。寻找到机会，你也可能使世界发生变化，而且在改变世界的过程中改变自己，使自己朝着更高的人生境界迈进。

所以，从现在开始，我们就应改变原来对工作的观念，将其视为一种生活方式。那么，工作就会成为我们最愉快的事情之一。

克服不良的工作习惯

卡耐基认为，人并非生来就具有某些恶习，都是后天慢慢养成的。下面是卡耐基建议我们在工作中应克服的几种不良习惯。

（1）办公桌上乱七八糟。

如果你到华盛顿的国会图书馆参观，就会看到天花板上有几个醒目的大字，那是诗人波普所写的："秩序是天国的第一要律。"

只要稍加留心就会发现，很多人的桌上老是堆满了文件和资料，可有些东西一连几个星期也不曾看一眼。卡耐基认为，当你的办公桌上乱七八糟、堆满了待复信件、报告和备忘录时，就会导致你慌乱、紧张、忧虑和烦恼。更为严重的是，一个时常担忧万事待办却无暇办理的人，不仅会感到紧张劳累，而且会引发高血压、心脏病和胃溃疡。

（2）做事不分轻重缓急。

全美最成功的保险推销员之一弗兰克·贝特格，每天早晨不到5点钟，便把当天要做的事安排好了——是在前一个晚上预备的——他定下每天要做的保险数额，如果没有完成，便加到第二天的数额，依此推算。

长期的经验告诉我们，如果不预先计划，没有人能永远按照事情的轻重缓急去做事。但如果事先制订好计划，然后按部就班地做事，就比想到什么就做什么要好得多。

（3）将问题搁置一旁。

赫威尔是卡耐基的学生，后来成为美国钢铁公司董事会的董事之一。他告诉卡耐基，钢铁公司董事会开会时常拖拖拉拉，许多问题被提出来讨论，却很少做决定，以致大家得把一大堆报告带回家研究。

后来，赫威尔说服董事长做出规定：一次只提一个问题，直到解决为止，决不拖延。表决之前或许需要研究其他资料，但为了让问题真正得以解决，除非前一个问题得到处置，否则不讨论第二个问题。这种办法果然奏效：备忘录上有待处理的事项解决了，行事表上再也不是排满等待处理的事项。

这不仅是美国钢铁公司董事会的好方法，也是每个人在工作中都适用的有效原则。

（4）不会组织、授权与督导的缺憾。

在日常工作中，许多人因不懂得授权他人，提早进入失败的坟墓。这些人事必躬亲，被烦琐细节所淹没，难怪他们常常感到匆忙、忧烦、急躁和紧张。

有关研究表明：一个大企业的高级主管如果不懂得组织、授权与督导，通常在五六十岁时即死于心脏疾病——这是长期紧张忧烦的结果。

所以，要使自己不至于过度劳累与忧烦，就应从现在开始就学会组织、授权与督导，让同事或部下帮你完成工作。

营造快乐生活的氛围

用心生活

在日常生活中，常常可以看到两种生活状况迥然不同的人。一种人是每天风风火火，又忙家务，又忙孩子，又应付工作，又应酬于亲朋好友之间的交际，又惦记着股市行情，又盘算寻找一份第二职业，又关注着分房动向和职称评定，又算计着如何赢得领导信任以谋个一官半职。总之，他们行踪不定，难得清静，一副大忙人的样子。但是，他们实则是忙乱不堪，不自觉地干扰他人平静的生活。他们的办事效率是否高、生活是否充实姑且不论，但活得好累想必是他们无法否认的人生感受。

另一种人则与之相反。他们不仅把家务和孩子料理得井井有条，而且工作干得有条不紊，人际关系正常和谐。他们也不是不关心职称、住房，甚至也可能与股票、第二职业有关系。但是，他们却以高效的工作成绩、平和的人际关系和高超的生活艺术，赢得领导和同事的称赞。他们给人一种特别有条理、特别自信、特别轻松愉悦的感觉，其自身的内心感受想必也是如此吧。

这是两种不同类型的人走出的不同生活轨迹——由于他们处世哲学不同、个人素质不同、生活艺术不同，所以才走出截然不同的生活之路。正因如此，他们在工作、生活、为人处世等方面的收效也各不相同。

过一种简单生活，是一种全新的生活艺术和哲学。它首先是要外部生活环境的简单化，因为当你不需要为外在的生活花费更多的时间和精力时，才能为你的内在生活提供更大的空间与平静。其次是内在生活的调整和简单化，这时候的你就可以更加深层地认识自我的本质。现代医学证明，人的身心是紧密联系在一起的：当身体调整到最佳状态时，精神才有可能进入轻松时刻；当身体和精神进入佳境时，人的灵魂也就是人的生命力才能更加旺强，然后才能达到更上一层楼的境界。

把生活琐事抛在一边

有相当一部分人把大好时光浪费在生活琐事上，常常花费宝贵的时间和精力去做没有任何价值的事。这样并不能使生活过得有意义，只能为生活所累。当一艘轮船的载重已经威胁到航行的安全时，就应毫不犹豫地把无价值的货物扔向大海。我们应该学会无视那些琐事，让它们顺其自然。否则，只会让自己感到烦躁。

许多看似不起眼的小事总是给我们的生活带来烦恼，就像藏在衣服里面的别针，你拿不掉它，它却不时地戳痛你。

生命短暂，精力有限，我们没有资本供自己挥霍。如果想充分利用生命中的每一天，为社会做些有益的事情，实现自己的价值，就必须去做值得投入时间和精力的事。

有些追求时髦的青年常常花大半天时间，在精品店、时装店里挑些平时根本不穿的衣服，有时逛了大半天却不买一件，把自己弄得筋疲力尽。把时间和精力浪费在诸如此类的小事上，真是太可惜了。如果能把这样的时间用在自我完善、自我提高上，或者用来帮助他人，为社会做些力所能及的善事，是非常有意义的。

有选择地抛弃一些琐事，会使生活变得更充实、更快乐。

微笑可以营造快乐生活

微笑在人际交往中具有神奇的力量，没有什么东西能比一个阳光灿烂的微笑更能打动人的了。同样，微笑也是身心健康和家庭幸福的标志。

无论在什么地方，无论你在做什么，简单的一个微笑是一种最为动人的语言，能够消除人与人之间的隔阂。人与人之间的最短距离是一个可以分享的微笑，即使是独自微笑，也可以使你和自己的心灵进行交流。

一旦你学会了阳光灿烂的微笑，你就会发现，生活从此就会变得更加轻松。面对亲人，你的微笑能够使他们体会到世界上还有另一个人和他们心心相连；面对朋友，你的微笑能够使他们体会出世界上除了亲情，还有同样温暖的友情，让他们感受到自己的重要性。

走遍世界，阳光灿烂的微笑是你畅行无阻的通行证。不仅如此，笑还是一种神奇的药方，能医治许多疾病，并具有强身健体的医疗功能。医学家告诉我们，精神病患者很少笑，有疾病或有烦恼的人也不会从心底发出笑声。

不论你现在从事什么工作，身处什么地方；也不论你目前遇到多么严重的困境，甚至你的人生遭遇了前所未有的打击，你都应该用微笑去面对它们，这一切都会在你的微笑前低头。

微笑永远是我们生活中的阳光雨露。

走出孤独忧虑的人生

认识忧虑的面目

在谈到忧虑对人的影响时，一位医生说，有70%的人只要能消除恐惧和忧虑，病就会自然好起来。这些病都不是真病，比如胃溃疡。恐惧使你忧虑，忧虑使你紧张，并影响到胃部的神经，使胃里的胃液变得不正常，就容易产生胃溃疡。

忧虑也容易导致神经和精神问题。临床研究发现，一半以上的患有神经病的人，在强力的显微镜下，以最现代的方法来检查他们的神经时，却发现大部分人非常健康。他们“神经上的毛病”都不是因为神经本身有什么异常的地方，而是因为悲观、烦躁、焦急、忧虑、恐惧、挫败、颓丧等情绪造成的。

随着现代医学的进步，已经大量消除了由细菌引起的疾病。可是，医学界还不能治疗精神和身体上那些不是由细菌所引起，而是由于情绪上的忧虑、恐惧、憎恨、烦躁及绝望所引起的病症。这种情绪性疾病所引起的灾难正日渐增加、日渐广泛，而且快得惊人。精神失常的原因何在？在大多数情况下，极可能是由恐惧和忧虑造成的。焦虑和烦躁不安的人多半不能适应现实生活，而跟周围的环境隔断了所有关系，缩到自己的梦想世界。

现实中，还有成千上万的人因为忧虑而毁掉自己的生活。他们拒绝接受最坏的情况，不肯为此做出改进，不愿在灾难中尽可能抢救出一点东西。他们不但不愿意重新构筑生活图景，还沉浸于过去失败的记忆中不能自拔。终于，使自己成为忧虑情绪的牺牲品，摧毁了自己奠定成功的最后一块基石——健康。

忧虑不仅能使人得病，而且是长寿的克星。获得诺贝医学奖的亚力西斯·柯锐尔博士说："不知道怎样抗拒忧虑的人都会短命而死。"

忧虑会使我们的表情难看，会使我们咬紧牙关，会使我们的脸上产生皱纹，会使我们老是愁眉苦脸，会使我们头发灰白甚至脱落。忧虑会使脸上的皮肤生出斑点、粉刺甚至溃烂。忧虑就像不停往下滴的水，会使人因心神烦躁而自杀。

警惕忧虑的侵蚀

忧虑的人无法专注于工作。忧虑使人神思恍惚，反应减慢，智力水平下降。忧虑也会使人生病，中医早就指出"忧者伤神"。长期心绪不佳，胃口必然不好，体质必然虚弱。严重的忧虑症，还可能引发轻生的念头。

忧虑的人常常有这样一些心态：

（1）逃避问题。由于问题难以解决而干脆采取回避态度，但事实上问题依然存在，自己只是在表面上逃避，内心深处还是放不下。

（2）对问题过分执着，将其看得过于严重。这实际上是给自己增加不必要的精神压力。

（3）不敢正视内心，自我封闭。所谓"烦着呢，别理我"，就是这种心态的反映。

无论是逃避问题还是对问题过分执着，只可能有两种情况。一种是问题并不像我们所想的那么糟，至少没有到无可挽回的地步。只要采取积极正确的态度，问题就会得到解决。另一种是问题超出了我们所能解决的范围。对这种情况，我们就需要乐观一些。哲学家威廉·詹姆士说："要乐于承认事情就是这样的情况。能够接受发生的事实，就是能克服随之而来的任何不幸的第一步。"

改掉忧虑的习惯

在美国南北战争中，林肯的几位朋友攻击他的敌人。林肯说："你们对私人恩怨的感觉比我要多，也许我这种感觉太少了吧。可是，我向来以为这样很不值得。一个人实在没有必要把他的半辈子都花在争吵上，要是那个人不再攻击我，我就再也不会记他的仇。"

卡耐基告诫人们，要在忧虑毁掉你之前，改掉忧虑的习惯。他为人们列出以下几条规则：

（1）让自己不停地忙着，忧虑的人一定要让自己沉浸在工作里，否则只有在绝望中挣扎。

（2）不要让自己因为一些应该丢开和忘记的小事烦心，要记住："生命太短促了，不要再为小事烦恼。"

（3）让我们看看以前的记录，问问自己，我现在担心会发生的事情，可能发生的概率如何？

（4）适应不可避免的情况。

（5）任何时候，当我们无法确定自己准备购买的东西能否解决生活中的问题时，让我们先停下来，用下面三个问题问问自己：

①我现在正在担心的问题，到底和我有什么关系？

②在这件令我忧虑的事情上，我应该在什么地方放下"到此为止"的最低限度——然后把它整个忘掉？

③我到底应该为这个东西付多少钱？

走出忧虑的人生

如果你一直为忧虑所困，但又不知原因，它就会毁了你的生活。生活中很多人会莫名其妙地感到烦恼，而他们并不知道原因何在。事实是他们为担忧而担忧，或者为莫须有的痛苦而担忧。甚至他们并没有可忧虑的事情时，仍在担心着什么。

把这些消极的念头抛弃吧！想一想这些忧虑的情绪耗费了你多少精力，如果这些精力被用在实现积极的、对生命有益的事情上该有多好。

实际上，忧虑大部分来自对未来可能发生的事情的担心。实践证明，这些事情大多不会真的发生。也就是说，我们的忧虑大部分是多余的。

一旦你为某事困扰，自己帮助自己吧，可以读书、寻求建议、找朋友倾诉。驱除忧虑最好的方法，就是不去理会它。如果你老是想着这些忧虑，它们就会阴魂不散地萦绕在脑海里。许多人一直想着他们不希望发生的事情，往往这些事情就会发生。

何不把这些不想发生的事情抛诸九霄云外，而把心灵空间留给那些你希望发生的事呢?

你完全没有必要为将来可能发生的事忧虑，你完全有能力走出忧虑人生，只要你相信自己。

建设幸福家庭的根基

学会体贴对方

现代家庭夫妻矛盾的产生多数是由于一成不变的夫妻模式所导致，矛盾的出现多半是对夫妻生活模式不满的结果。要解决这种家庭矛盾，冷静、耐心、体贴是最不可缺少的。

夫妻产生敌意后，需要双方用关怀体贴之情去化解。当你发现配偶没有时间与你接触，忙得不可开交，或者不像往日那样热情时，要体谅、同情、关怀对方，并注意把握分寸，最好别开玩笑，不要纠缠不休。这个阶段，遇到对方落泪、忧伤、痛苦，甚至有时对你斥责几句时，不要计较。一句话，你要像对待病人一样耐着性子。必须懂得，这种感情的低谷是不可避免的，但很快就会结束。

学会体贴对方，必能使你很快化解家庭矛盾，建设起幸福美满的家庭。

充分理解对方

理解是家庭生活的润滑剂，它可以使家庭成员间避免矛盾、增进感情。聪明的人懂得在家庭中充分运用理解的指挥棒。

恩玛莉的丈夫是英国伟大的政治家狄斯累利。而狄斯累利是在35岁时，才向比他大15岁且头发花白的恩玛莉求婚的。事实证明，恩玛莉的婚姻是婚姻史上最充溢生气的婚姻之一。虽然恩玛莉既不年轻，也不迷人，更不聪敏。她说话时常发生文字或历史的错误，令人发笑。她对服装的兴味古怪，她对房屋装饰的兴味奇异。但是，恩玛莉在婚姻中最重要的事情——处置男人的艺术上的确是个天才。

恩玛莉没有用她的智力与狄斯累利对抗。当狄斯累利整个下午与机智的公爵夫人们钩心斗角地谈得筋疲力尽后回到家里时，恩玛莉的轻松闲谈及温存使他日增愉快，成为使他获得心神安宁的最佳良方。那些与他的年长夫人在家度过的时间，是他一生中最快乐的时光。她是他的伴侣、亲信和顾问。每天晚上，他由众议院匆匆回来，告诉她日间的新闻。无论他做什么，恩玛莉从不相信他会失败。

30 年来，恩玛莉为狄斯累利而生活。但反过来说，她是他的女英雄。在她死后，狄斯累利才成为伯爵。在他还是平民时，他就劝说维多利亚女王擢升恩玛莉为贵族。1868 年，她被封为毕根菲尔特女爵。可见，充分理解使恩玛莉获得幸福的家庭生活。

戴尔·卡耐基说："在与人交往中，首要应学的事情就是不要干涉他们自己快乐的特殊方法，如果那些方法不激烈地与我们冲突的话。"

不要把工作带回家

在面对各种工作与生活方式对家庭形成的挑战时，你必须给家庭生活一些空间、一些氛围，尽量让工作与家庭取得平衡。当你把家庭也当做工作场所后，你便没有更多的时间表达与家人的亲情与爱，更没有回顾过去、展望未来的空间。这时，你一定要问问自己，家庭对自己意味着什么？

如果说家庭是一座避风的港湾，一个生活的空间，一片可以独处而不受任何外界干扰的净土，你最好不要把工作带回家。虽然家不是与世隔绝的世外桃源，但任何一个温馨的家庭都会由于繁重工作的践踏而变得不再和谐。

家庭需要的是爱，并不需要工作。当你忙碌一天后，希望回到家里是一种怎样的感觉呢？如果整天都让紧张的气氛充斥自己的家庭，第二天你还会有高涨的工作情绪吗？还会有充沛的精力加班加点吗？不论你的事业是成功还是失败，你都需要为家庭付出一份真爱，因为除了家庭，永远没有谁会支持着你走得更远、更稳健。

第二卷

思考致富

原著［美］拿破仑·希尔

关于本书

在过去的60多年里，《思考致富》已经在全球范围售出了1500多万册。原因何在?

本书作者拿破仑·希尔是一位在世界卷起成功狂潮的思想家、哲学家，被誉为“成功学之父”。他比历史上任何人都更多地影响了人们的成功，这一点已为世人所公认。

希尔在《思考致富》中拒绝把成功归结于运气、背景或上天赐福，他希望提供一份完全取决于你自己的具体成功计划。该书畅销的另一个原因是，它并不完全是希尔凭空构想的理念，而是提炼自美国数百位最成功男士的成功秘诀而成。首先就是他的保护人——钢铁巨头安德鲁·卡内基。卡内基为希尔开具了给亨利·福特、托马斯·爱迪生和F. W. 伍尔沃思等人的介绍信。希尔花了20年时间归纳他们的经验和见解，他的使命就是了解“富人是怎样致富的”。他对成功的系统分析汇集成八卷本的大部头《成功法则》。

靠欲望致富

法国作家巴尔扎克说："欲望是支配生命的力量和动机，是幻想的刺激剂，是行动的真正意义。"

你所欲望的东西就是你要追求的目标，欲望本身则是你努力刻苦的基本动力。欲望还可以促使梦想变为现实。

欲望是挣取财富的原动力，动力越强，行动就越有力；行动越有力，实现财富梦想的概率就越大。这些都是成正比的。如果你要获得财富，你就必须让你的欲望变得非常强烈，只有强烈的欲望才能使你奋进。

西方有句谚语："只有想不到的事，没有干不成的事。"

被誉为日本经营之神的松下幸之助，9 岁就开始学徒生涯，尝尽各种艰辛。他经过 15 年的漫长磨砺，于 24 岁创立自己的公司。经过数十年艰苦经营，终于使一个小作坊式的工厂发展成国际性的庞大企业集团。松下公司的规模 2005 年在世界 500 家大企业中名列第 31 位，而且还曾比这更靠前过。他有一句名言被商人奉为经典："让我们钟情于金钱吧，这样才会有所作为。"

20 世纪 70 年代的华尔街，人们一提到唐纳德 · 索马斯 · 里甘，就会胆战心惊。里甘是华尔街股市中的经纪大亨，是华尔街一家投资公司——梅里尔 · 林奇公司的总裁。他可以使华尔街的股民笑的变哭、哭的变笑，简直是"翻手为云，覆手为雨"。里甘与肯尼迪是同学，他对家财万亿的肯尼迪家族羡慕不已。他暗暗发誓：一定要拥有足够令世人惊叹的金钱。里甘坦言：“我喜欢金钱，这是我的禀性，也是我的正业。”在许多人手里会变成废纸的股票，在他手里则会变成腰包里的金钱。

只有具有“财富意识”，才能积累财富。

赚钱要从“心”开始，要赚大钱成为上级别的富豪，你就不能满足于小富，“小富即安”的心态成就不了大事业。要追求更高的目标，你必须有“野心”。

对于要追求成为巨富的人来说，野心甚为重要。盛田昭夫是日本电子技术方面的传奇人物。1946 年，他创办东京通讯工业公司时，就霸气横溢：“我们的市场不仅是日本、亚洲，而是全世界。”为了占领美国市场，他制定了一个 10 年不盈利的计划。当他的艰辛努力获得丰厚报酬时，他是第一个实现企业国际化的日本人。

美国钢铁大王卡内基少年时就立下誓言：将来一定要成为大富豪。卡内基没受过什么教育，曾干过锅炉工、记账员、电报业务办事员等最底层的工作。除了机敏和勤奋，卡内基一无所有。卡内基的心中有一个梦想：赚钱成富翁。他的梦想曾被人耻笑，但他成功了，登上美国“钢铁大王”的宝座。

王永庆 16 岁就开起米店，面对众多的竞争对手，他突发奇想：要是能将风头最劲的日本米店比下去，就算成功了。经过多方努力，终于实现了他的愿望。20 世纪 50 年代，王永庆想进军塑胶业。有人劝他，连精通塑胶业的何义都不敢接这个烫手山芋，你凭什么接？王永庆却想：别人不敢做的事我做成了，岂不美哉！他果真做到了，而且他的名字成了“财富”的代名词。王永庆成功的秘诀就在于，最大限度地拥有欲望和野心。

以上事例说明，欲望可以转化为实质的对等物，欲望可以衍生财富。只要你有博取财富的野心与欲望，你就能成为富豪中的一员。

靠暗示致富

暗示是一种奇妙的心理现象，暗示又可分为他暗示与自我暗示。他暗示可以称之为预言，虽然它对致富也有一定作用，却不及自我暗示的力量大。所以，这里主要阐述自我暗示。

自我暗示就是自己对自己的暗示。所有为自我提供的刺激，一旦进入内心世界，都可称为自我暗示。自我暗示是思想意识与外部行动之间沟通的媒介。它还是一种启示、提醒和指令，它会告诉你注意什么、追求什么、致力于什么和怎样行动，因而能支配你的行为。这是每个人都拥有的一个看不见的法宝。

自有人类以来，不知有多少思想家、传教士和教育者都一再强调信心与意志的重要性。但他们都没有明确指出：信心与意志是一种心理状态，是一种可以用自我暗示诱导和修炼出来的积极的心理状态。成功始于觉醒，心态决定命运。

这是现时代的伟大发现，是成功心理学的卓越贡献。成功心理、积极心态的核心就是自信主动意识，或者称作积极的自我意识，而自信意识的来源和成果就是经常在心理上进行积极的自我暗示。反之，消极心态、自卑意识就是经常在心理上进行消极的自我暗示。所以，心理暗示的不同正是形成不同的意识与心态的根源。常常说心态决定命运，正是以心理暗示决定行为这个事实为依据的。

不同的心理暗示，会带来不同的情绪和行为。多数人的生活境遇既不是一无所有、一切糟糕，也不是什么都好、事事如意。这种一般的境遇相当于“半杯咖啡”。你面对这半杯咖啡，心里会产生什么念头呢？消极的自我暗示是为少了半杯而情绪消沉，而积极的自我暗示是庆幸自己已经获得半杯咖啡而情绪振作、行动积极。

由此可见，心理暗示这个法宝有积极的一面和消极的一面，不同的心理暗示必然会有不同的选择与行为，而不同的选择与行为必然会有不同的结果。有人曾说：“一切的成就、一切的财富，都始于一个意念。”我们还可以说得浅显全面一些：你习惯于在心理上进行什么样的自我暗示，就是你贫与富、成和败的根本原因。我们一直强调，发展积极心态、取得财富的主要途径是：坚持在心理上进行积极的自我暗示，去做那些你想做而又怕做的事情，尤其要把羞于自我表现、怕与人交际改变为敢于自我表现、乐于与人交际。

每个人都带着一个看不见的法宝，这个法宝具有两种不同的作用，这两种不同的力量都很神奇。它会让你鼓起信心和勇气，抓住机遇，采取行动，去获得财富、成就、健康和幸福；也会让你排斥和失去这些极为宝贵的东西。

这个法宝的两面就是两种截然不同的心理上的自我暗示，关键就在于你选择哪一面，经常使用哪一面。

靠知识致富

现代教育制度的缺陷在于，学生们得到知识后，并没有学会如何去组织和利用这些知识。如何运用知识才能获得财富呢？首先，你要决定你所需要的专业知识。通常情况下，人生的主要目的和你现在所要达到的目标将决定你所需要的知识。这个问题解决后，第二步就要求你对你依靠的知识有正确的认识。其中需要注意的是：

（1）本人的教育背景和经验；

（2）与人合作的重要性；

（3）如果有机会的话，尽量进学校学习；

（4）多去图书馆，那里有你需要的所有东西；

（5）进行专业训练课程的学习。

在获得知识后，还要将其组织起来，并通过切实可行的计划用以实现既定的目标。知识如果不被运用，就没有任何实际价值。

各行各业的成功人士都在不断地获取他们需要的专业知识，而且从不停止。有些人认为，一旦停止了学校教育，就意味着获取知识过程的完成，因而不再主动获取知识。其实，除了学校教育，你还可以通过进夜校或函授学习的方法来获取知识。

知识运用得当就能转化为财富

某杂货店的一名推销员突然发现自己失业了。幸好他有一点记账的经验，他就开始选修会计课程，并经营起生意来。从雇用过他的杂货店开始，他相继与百余家小商店签订合同，为他们记账，按月向他们收取极低的费用。他的主意很实用，不久他发现可以在一辆轻型的送货卡车上设立一个流动的办公室，装备最新的记账器。他的主意成功了，他现在已有许多在汽车上的会计办公室，雇用了众多的助手，使许多小商店花费少量的钱而获得最佳的服务。

这个独特的成功生意，其主要的组成成分是专业的知识加上想象力。现在，那名推销员每年所付的个人所得税几乎是他在失业时那位杂货商付给他的工资的 10 倍。

这个成功的生意，是以一个主意为开端的。一个好主意是无价的，而在所有主意的背后的支撑就是专业知识。不幸的是，那些未曾发现大量财富的人，都是因为只有丰富的专业知识，却欠缺创业的好构思。好的构思由想象得之，想象力能把专业知识与现实需求合并为一种有组织的计划，这是产生财富所需要的必备条件。

靠想象致富

拿破仑·希尔说："想象力是灵魂的工厂，人类所有的成就都在这里铸造。"

其实，每一个人都需要想象，因为想象是思想或行动的依据之一。没有谁会忘记若得·巴尼斯特4分钟跑完1英里的事迹。巴尼斯特用想象的方式，在脑中一而再、再而三地放映出自己用4分钟跑完1英里的画面，假想听见并感受到自己打破这个纪录的感觉，直到自己有了成功的把握。这个把握是肯定的，如同那些人认为4分钟跑完1英里是不可能的一样。可以说，巴尼斯特就是靠想象的神奇力量打破了人们认为不可能的纪录。

想象具有神奇的力量，它可以帮助你实现致富的愿望。想象力根据功能可分为两种：一种是综合型想象力；另一种是创造型想象力。

通过综合型想象力，人们可以把旧有的观念、构想或计划重新组合，推陈出新。这项能力没有任何创造，它只是将经验、知识和观察作为材料进行加工。它是发明家最常使用的能力，但其中也有一些例外的"天才"。当综合型想象力无法解决问题时，他们会进而利用创造型想象力。

通过创造型想象力，人类的智慧可以无限拓展。"预感"和"灵感"就是通过这种能力获得的。所有的基本构想也正是通过这种能力产生的。这种能力只有在意识高速运转的情况下才会发生作用，比如用"强烈欲望"刺激意识的时候。创造型想象力在使用过程中越得到开发，就会越敏锐。商界、工业界和金融界的伟大领导人物及艺术家、诗人和作家之所以伟大，正是因为他们发挥了创造型想象力的作用。

综合型想象力和创造型想象力的灵敏度都会在不断使用中得以开发，就像人体的肌肉与器官一样，都是用进废退。

立即开始运用你的想象力，形成一个或多个计划，以实现化欲望为财富的目标。将计划写成文字，模糊的欲望就具体化了一些。再大声而缓慢地读它。记住，当欲望和计划形成文字时，你就朝着目标迈出了重要的第一步。

创意是所有财富的出发点，它是想象力的产物。在商战上，不仅广告需要创意，产品的设计、推销、经营无不需要创意。可以说，创意的好坏关系到商家的存亡，好的创意是商家兴旺发达的灵魂。拿破仑·希尔说过："想象力就是人类灵魂的工程师，也是塑造命运的主要工具……通过想象力，幻想与现实可以结合而成为工业王国，以至于改变整个人类的文明。"

在商场上，良好的创意被商家奉为至宝。为了推销产品，商家的想象可谓大胆、新奇、绝妙。"吃光"餐馆是日本大阪最大的餐馆。它的董事长山田六郎居然给牛举行婚礼！"太荒唐了，'吃光'餐馆老板居然给牛举行婚礼，不过牛背上的菜倒不错。"诸如此类的评论一时间成了大阪大街小巷谈笑的中心话题，"吃光"餐馆也成了成千上万的大阪人光顾的场所。从此，"吃光"餐馆名扬大阪，还有许多外地食客慕名而来。

可见，只要你有丰富的想象力，就有希望打开财富的大门。

靠计划致富

计划是一项极其精妙的艺术：没有计划，一切寸步难行；没有计划，梦想僵硬乏味；没有计划，事情安排错位，灵感的精灵没有回旋的空间。所以，我们最终会得出结论，只有计划好、设计好的生活才是从容不迫、井井有条、大步向前的生活，这样的生活才会丰富充盈，充满成就感。

最划算、最大的投资就是“自我投资”，亦即“建立自己的心理能力”与“熟悉人情世故的观察力”。

从现在开始，马上建立你的第一个30天改善计划吧！

（1）改掉这些习惯：

● 不按时完成各种事情；

● 常说消极性的词汇；

● 每天看电视超过一小时；

● 经常进行无意义的闲聊。

（2）养成这些习惯：

● 每天早上出门前检查仪表；

● 工作都在前一天晚上就计划好；

● 身处任何场合都尽量赞美别人。

（3）用这些方法来提高工作效率：

● 尽量发掘部属的工作潜力；

● 进一步学习公司的业务；

● 提出三项改善公司业务的建议。

（4）用这些方法来促进家庭的和谐：

● 对太太（丈夫）为你做的小事表示谢意，不可认为理所当然；

● 每周一次带家人做些特殊的活动；

● 每天固定拨出一小时跟家人快乐相处。

（5）用下面的方法来修养你的个性：

● 每周花两小时阅读本行业的专业杂志；

● 阅读一本励志书籍；

● 结交 4 个新朋友；

● 每天静静思考 30 分钟。

时常有人说："我很明白一心一意追求目标的重要，但杂务太多，经常扰乱原有的计划，这该怎么办？"

许多未知的因素确实存在，并影响你的"执行步骤"。所以，我们心里也要冷静，遇到障碍时要采取补救措施。

请观察一下高级将领的做法。每当他们拟出一个战略计划时，都会同时拟出几个备用方案，以备不时之需。万一发生意料之外的事情而取消甲方案时，就改用乙方案。

学会循序渐进，没有经过许多曲折而成功的人很少见。迂回前进时，并没有改变原来的目标，只是选择另一条路径而已。

制订计划时需要同时制订几个备用计划，而在实施计划时最需要勇气和刚毅的精神。只要你不轻言放弃，虽然几经波折，最终还是可以到达目的地。

千百万人终生过着贫困的日子，原因就在于他们缺乏积累财富的正确计划。你的成就不可能大于你的计划的正确性。当失败到来时，你应把它看成一个信号，然后重新制订你的计划。再度出航，驶向目的地。如果你遭遇失败就放弃，你便是一个半途而废的人，不可能获得财富。

靠决心致富

拿破仑·希尔在对25000名经历失败的人进行分析后指出：缺乏决心高居31项失败原因之首。后来，他又分析了数百位财富超过100万美元的成功人士，指出：这些富翁都有迅速下决心的习惯，而且假如需要改变决心，或于改变决心的当时，他们也都有谨慎从容更改决心的习惯。致富失败的人则毫无例外地都有犹豫不决、朝令夕改的习惯。

亨利·福特显著的特质之一便是“习惯”于下决心时迅速而明确，在更改决心时则谨慎而迟缓。福特的这项特质是如此显著，为他带来了声名。就因为这股特质，使福特先生坚持继续制造T型车（全世界最丑的车），即使当时所有的顾问及许多汽车买主都敦促他改变主意。虽然福特先生最终做出了改变，但在福特必须改变模型之前，其坚毅的决心已产生了巨额的财富。毋庸置疑，福特不轻易更改决心的习惯是有点顽固之嫌，但总胜过犹豫不决、朝令夕改的习惯。

大部分无法聚积足够金钱以供所需的人，通常容易受他人意见所左右，他们让报纸上的评论和邻人的闲话来代替他的思考。意见是世上最廉价的商品，每个人总有一箩筐的意见可以提供给任何愿意接受的人。假如你下决心时会受他人左右，你在任何事业上都难以成功，想化欲望为金钱更是无望。进一步说，如果你被别人的意见所左右，你根本就不会有自己的欲望。

你有自己的头脑和思想，使用它并做出决定。如果你需要从他人处获得事实或资料以使自己能下决心，就不动声色地去收集，别暴露自己的目的。

一知半解、学问浅薄的人往往有企图给人留下博学印象的毛病，通常说得太多、听得太少。如果你想养成迅速果断下决心的习惯，就睁大眼睛，竖起耳朵，免开尊口。如果你说得比听的还多，你不但会剥夺自己吸收有用知识的机会，还会向那些嫉妒你、乐于打击你的人暴露自己的计划和目的。

记住一项事实：与你共事的每个人其实和你一样，都在寻求致富的机会。如果你过于随便地谈论自己的计划，你会惊讶地发现，有人已捷足先登，先你一步达到目标，而他用的正是你之前泄露的计划。因此，你的第一个决心应该是：守口如瓶、张大耳朵和睁大眼睛。

明快地决断总是需要勇气，有时是极大的勇气。要想获得财富，你就必须养成迅速果断地下决心的习惯，绝对不能犹豫不决。

靠毅力致富

在将欲望转化为财富的过程中，毅力必不可少。当毅力和欲望结合在一起时，就会形成强大的力量。通常拥有巨额财富的人都具有坚强毅力，他们能够不断地前进，直到实现目标。

缺乏毅力是失败的主要原因之一。所有的成就都以欲望为出发点。微弱的欲望产生微弱的效果，强烈的欲望产生强烈的效果。如果你发现自己缺乏毅力，就点燃欲望之火吧，欲望越强烈越好。

只有少部分人是坚忍不拔的，只有少数人会认为失败是一时的，他们最终依靠毅力把失败转化成胜利。在生活中，我们看到很多人遭遇失败而倒下去之后，就再也爬不起来了。如果一个人没有毅力，他的一生就不会有什么成就。

百老汇向来是失败者的坟场、成功者的机会乐园。来自世界各个角落的人都到这里寻找财富、声誉和权力，可总会有人成功、有人失败。只有当人们拒绝放弃时，百老汇才会给他机会，才会给他财富。这就是征服百老汇的秘诀——毅力。

毅力是一种心态，它是可以培养的，同其他心理状态一样，毅力需要以明确的动机为动力，这些动机包括：

（1）明确的目标。

知道了自己想要的东西，是培养毅力的第一步，强烈的动机能使人克服许多困难。

（2）强烈的欲望。

要相信自己有能力实现这个计划，也有能力激励自己去克服困难。

（3）明确的计划。

明确的计划可以激发人的毅力。要通过观察和分析，做出适当的计划，而不能仅仅依靠猜测。

（4）合作的精神。

合作可以产生力量，与其他人进行有效的合作，可使资源得到有效的利用，可使你离成功越来越近，从而增加坚持下去的信心。

（5）意志。

坚强的意志能够让人产生毅力。

（6）习惯。

毅力是习惯的结果。

知道这些动机后，分析一下你的毅力，看看上面6点动机中你缺少什么，或许你会更了解自己。由此你就会发现一直潜在的敌人，就会发现自己毅力上的弱点。一旦发现了，你必须勇敢地反省和检讨。所有想要获得财富的人都要克服这些弱点，并逐渐培养自己的毅力。

培养毅力并不难做，它有4个简单的步骤：

（1）建立明确的目标；

（2）制订完整的计划并付诸行动；

（3）甩开一切否定的、令人沮丧的、影响人的心理的因素；

（4）与鼓励你的人联合起来。

要想获得成功，这4个步骤必不可少。凡是利用这4个步骤去克服困难的人，都会获得回报。毅力就像一把利剑，它无坚不摧，可以帮助你走向富裕。

靠脑袋致富

哲学家普罗斯特说过："真正的发现之旅，不是寻找世界，而是用新视野来看世界。"现代人在面对挑战时，首先要改变思想观念，与时俱进；不能故步自封，抱残守缺；更不能一成不变、裹足不前。

一本杂志的扉页中有这样一段文字："有了智慧，我们才能得到财富；有了财富，我们才能得到自由。"可见思想观念对人的影响何其重大，现代人要靠领薪水致富，恐怕难如登天，靠思想观念致富则是一条捷径。微软公司董事长比尔·盖茨就是一个靠脑袋致富的典型例子，他拥有比别人先进的观念，将许多别人想不到的想法及创意化为电脑软件程式，在电脑资讯界独领风骚，赚进亿万财富。

亿万财富买不到一个好的想法，而一个好的想法却可以赚进亿万财富。一个人想要过上富有的生活，简而言之，就要靠脑袋致富，而不是靠领薪水过日子；要靠组织网络倍增财富，而不是靠单打独斗赚血汗钱。

每个人都想过富有而随心所欲的生活。但这种自由自在的生活方式的取得，无论靠劳力还是靠脑力，都绝对不是不劳而获，而是需要经过一番努力，才能辛苦获得。

很多人相信努力工作能够致富，这并不是错误的想法。如果努力工作而所得又足够多的话，确实可以致富。但现实并非如此，很多人工作之后才发现，工资永远是那么少。所以，罗伯特·清崎在《穷爸爸，富爸爸》里说：穷人为钱工作，而富人则让钱为他工作。这意味着，是投资成就了富人，而不投资则造成了贫穷。

每个人都是自己的投资家，你的投资将决定你的一生，你的投资方式将决定你的前途。而是否会投资，却完全取决于你的选择。

善于投资就像自己愿意塑造自己一样，如果你不愿意雕刻自己而成为精品，你就永远是一块石头。为了使自己长盛不衰，获取更大的利润和更大的成功，一定要充分利用思想，这是千真万确的真理，是财富、成功和幸福的秘诀。

要谨记：你的脑袋是你致富的关键。你能否获得财富，就在于你能否充分地利用你的智慧。

靠潜意识致富

在大脑这个“工具箱”中，包括意识和潜意识这两种工具。所有的成功者都懂得如何利用这两种工具去应付每天发生的事情。成功者不但知道如何使用潜意识，还知道使用的经验越多，工作就越顺利。遗憾的是，这世上没有几个人能将潜意识的功用发挥到极致。原因在于，大部分人都不知道：这种工具功能何在？该怎么用？事实上，想获得财富的人必须先懂得如何利用潜意识进行富于创意的思考或解决问题。

当你将全部精神集中在某个问题上时，潜意识便开始发挥作用，在本人毫无觉察之时处理问题，并在有了决定之后，将决定输送到意识部分。然后，由意识部分再做进一步的加工处理。实际上，人内心的意识是进行推理和思考的场所，只有它才会分析各种资讯和数据，并且导引通往潜意识之路。而潜意识则不会思考和推理，它只会本能地对基本情绪做出反应。

人与人之间之所以有差别，原因就在于每个人训练意识的方法有所不同。但是，我们的潜意识却是非常类似的。如果把潜意识比喻成一辆汽车，意识就是驾驶员，汽车的动力在车内而不在驾驶员身上。要使汽车开动，就必须学习导引这股力量。

意识在强烈情绪激荡下，会将各种影像传给潜意识并被接收。这就像照相机一样，意识扮演着镜头的角色，对准你的欲望影像，将它投映在潜意识的底片上。如果想要用这架照相机照出美丽的照片，必须遵守照相原理：焦距必须对准，曝光必须良好，时间必须把握准确。

以潜意识对着欲望影像一再曝光，是很重要的步骤，你必须反复进行同样的过程，直到正确的影像被传送到潜意识为止。

当你将影像映照到潜意识时，不要害怕使自己处于一种情绪高昂的状态。如果你的目标是值得追求的话，就不要害怕这种自我暗示现象，你将欲望映照在潜意识上的强度，直接影响到潜意识激励你采取正确步骤迈向成功的速度。

潜意识的创造力是惊人的，它激励个人的力量也是不容忽视的。如果你认为潜意识是存在的，并知道它可能成为把你的欲望转化为财富的媒介，你就会明白"欲望"对获取财富的重要性。如果你不把欲望种植到潜意识中，你的潜意识可能就会不加选择地接受任何思想。所以，要及时为潜意识注入新的欲望，不然它会比你还懒。

人的每一天都有各种欲望和冲动，这些欲望和冲动被悄悄地传递给潜意识。任何所需要的东西都以一种思想为开端，只有在思想中存在的东西，人才有能力创造出来。人们借助想象力，把思想变成计划，并通过积极思考把计划变成现实。

有些意念是消极的，你要努力抑制消极的冲动。做到这一点，你就把握了开启潜意识之门的钥匙。

人创造任何东西都要靠意念的作用，意念能够在想象力的帮助下生成计划。想象力能够创造计划和目标，使你获得成功。

要刺激潜意识，你就要学会利用积极情感。与情感或情绪相结合的意念冲动，比单独由理性产生的意念冲动更容易影响潜意识。事实上，"只有被赋予情感的意念，才能对潜意识产生行动的影响力"。消极情绪会自动注入意念冲动中，而那正是确保进入潜意识的通道。积极情绪则需通过"自我暗示"原则才能注入个人希望传给潜意识的意念冲动。

这些情绪或情感就像面包中的发酵粉，因为它们构成了行动要素，可将意念冲动由被动化为主动状态。所以，与情感相结合的意念冲动会比“冷静理智”产生的意念冲动更容易发挥作用。

现在，你正准备影响和控制潜意识的“内在听众”，以便将那股对金钱的欲望传达给潜意识。你必须了解接近这个“内在听众”的方式，必须说它能懂的语言。它最了解的语言就是情绪或情感的语言。我们在此列出 7 种主要积极情绪和 7 种主要消极情绪。你在给潜意识下达命令时，可以利用积极情绪而避免消极情绪。

7 大积极情绪包括欲望、信心、爱、性、热情、依恋、希望。掌控这 7 种情绪（唯有通过使用才能掌控它们），其他积极情绪就会在需要时为你所用。7 大消极情绪包括恐惧、嫉妒、怨恨、报复、贪婪、迷信、愤怒。积极情绪和消极情绪不会同时存在于心，一定只有一种占据主导地位。养成利用积极情绪的习惯，最后它们将完全支配你的内心，将消极情感拒之门外。

只有深刻且持续地遵循这些指示，才能获得掌握潜意识的力量。这些可以刺激潜意识的指示都包括哪些内容呢？

（1）找个安静的地方，晚上可以在床上，闭上眼睛，反复大声说出，使自己能够听见：你想要获得的财富的数目、获得的时间以及为之愿意付出的代价。当你这样做时，你仿佛已看到自己拥有了这笔财富。

（2）每天早上和晚上，反复背诵这个声明，直到在想象中看到这笔钱归你所有为止。

（3）将这个声明放在你在早上和晚上很容易看到的地方。

当你这样做时，你是在应用自我暗示的原则，也就是在给你的潜意识下达指示。同时，你还要明白一点：你的潜意识只有对情感化的指示才能做出反应，并在充满“激情”时才能按照指示去行动。而在所有的情感中，信心具有最强大的力量，因而也能产生最大的效果。

我们可以把财富比喻为河流，当大笔财富到来时，就会像波涛一样涌向财富的创造者。我们也要看到，这条河流有两个方向：河流的一端能够载着人逆流而上，流向更广阔的财富之地；另一端则能让进入其中的人深陷旋涡，并将其载向堕落、悲惨的另一个方向，最终导致贫穷。

每一个积累了巨大财富的人都知道这样的巨流，它是由个人的思想过程决定的。积极的思想情感会使人走向幸福的一端，消极的思想情感则会使人走向贫穷、堕落的一端。假如你是流向贫穷的一端，上面所写的 3 点内容就是你的桨。借助这支桨，你可以划向另一端。

贫穷与富裕不是一成不变的，你可以利用潜意识来改变贫穷境遇。财富的获得是需要计划的，而贫穷则不需要，也不需要任何帮助便会不期而至。贫穷是大胆和鲁莽的；而财富则是害羞的，它需要你的智慧和力量的吸引，才能来到你的身边。潜意识就是你内在的伟大力量，你完全可以依靠它来获得你企盼的财富。

靠第六感致富

我们追求财富已到了最后的时刻，通过第六感，你能自动与智慧相沟通，从而获取巨大财富。

第六感是无法说明和解释的，只有通过心灵感应和沉思的方法，才能产生第六感。

第六感和奇迹比较接近。在人的脑细胞的某个地方，存在一种功能，它能接收预感的微波。到现在为止，科学家还没有研究出那个地方在哪里。但这并不重要，重要的是人们确实可以通过五官和肢体以外的地方来接受外界的信息。通常，这是在心灵受到强烈的刺激下产生的。任何带来强烈刺激的事件，只要能引起心脏强烈跳动，就会促使第六感发生作用。

既然第六感具有如此神奇的作用，它在致富的道路有何功效呢？拿破仑·希尔说过：“如果你想走上致富之路，你最好能够培养一种灵敏的第六感。”

科学家的研究表明，第六感越敏锐的人越容易成功。近 20 年来的心理学研究发现，第六感主要靠人的右脑控制。有的心理学家一针见血地指出，单靠左脑的分析力，我们的潜能只有 50% 可用；如果同时将右脑的第六感应用，则有 100% 的潜能可供利用。那么，怎样才能拥有获得财富的第六感呢？

第六感并不是神秘的东西，它和人对右脑的长期训练有关。现代人的教育方式与生活方式都直接或间接地促进了左脑的发达，而只有使右脑发达，才能使人脑真正臻于成熟和睿智。实际上，摩根这位金融霸主与现代的金融界巨子李嘉诚、郑裕彤等人一样，都是靠神奇的第六感去感受股票市场的脉搏，然后进入金融市场，做出人所不能、人所不敢的交易，他们几乎完全掌握了市场的脉动。

虽然第六感并不神秘，但它并不是每个人都能随意使用的。使用这种伟大力量的能力是缓缓而来的，它要借助于你的其他能力。

有一个方法可以使你有效的运用第六感：把你想要解决的问题，或想要达到的目标清楚而具体地写下来。每天像念祈祷词一样，重复念数次。如此可以使你产生强烈的信念，你甚至会看到自己仿佛已经如愿以偿。如果一时之间并未产生预期的结果，就继续尝试。每一次都要表示感恩，正如你已经达到目标一样。

记住，一个人只要对自己的信念坚定不移，就没有做不到的事情。成功的关键在于你相信自己会成功。我们相信，只要你有信心，只要你相信自己的能力，并综合运用欲望、自我暗示、专业知识、想象力、计划、决心、毅力、脑袋、潜意识和第六感等潜能，你就一定会获得期望的财富。

第三卷

伟大的励志书

原著［美］奥里森·马登

关于本书

对于当代青年所经验的烦闷、消极等滋味，我也曾深有同感。自读马登的原著后，精神为之大振，观念为之一变。谨将马登的书介绍给同病的青年，希望他们能获得同样的积极影响。

——中国文学大师 林语堂

马登的书对所有具有高尚和远大抱负的年轻读者都是一个巨大的鼓舞。我认为，没有任何东西比马登的书更值得推荐给每一个美国的青年人。

——美国第25任总统 麦金莱

《伟大的励志书》第一版一上市立即受到大众的认同，被公认为最有力振奋人心的书，并被翻译成25种语言，销量高达数百万册。

——美国成功学家 拿破仑·希尔

我带着极大的兴趣读完了《伟大的励志书》。这部非凡的著作对所有准备独立生活的年轻人都有着巨大的激励作用。

——英国银行家 约翰·卢伯克爵士

我几乎读了马登的所有著作，他促使我发展了积极思想的生活哲学。在我看来，马登与梭罗、爱默生、卡耐基一样都是伟大的作家，他们又同为积极思想的倡导者。

——美国成功学家 诺曼·文森特·皮尔

创造成功机会

机会就在我们身边

一个农场主不慎将一只名贵的金表遗失在仓库里。他遍寻不获，便请人们帮忙，并悬赏100美元。面对重赏的诱惑，很多人卖力地翻找。无奈谷仓内杂物堆积如山，要想找寻一块金表如同大海捞针。

人们忙到太阳下山仍没找到金表，他们不是抱怨金表太小，就是抱怨谷仓太大、稻草太多，一个个放弃了要获取100美元重赏的念头。

只有一个小孩在众人离开之后仍不死心，在仓库内坚持寻找。当一切喧闹静下来后，他突然发现了一个奇特的声音，那声音“嘀嗒、嘀嗒”不停地响着。小孩循声找到了金表，最终得到了100美元。

机会就如同仓库内的金表，早已存在于我们周围，散布于人生的每个角落。只要我们执着地寻找、冷静地思考，我们就会听到那清晰的嘀嗒声。

1948年的一天，瑞士发明家乔治·德·曼斯塔尔带着他的狗去郊外打猎。曼斯塔尔一直想发明一种能轻易地扣住又能方便地脱开的尼龙扣，但一直没有结果。当他和狗都从牛蒡草丛边经过时，狗毛和他的毛料裤上都粘了许多刺果，这引起了曼斯塔尔的极大兴趣。

回到家里，曼斯塔尔用显微镜仔细观察这些刺果。他发现刺果上有千百个细小的钩刺钩住了毛呢和狗毛。这使他顿然醒悟：如果用刺果做扣件，真是再好不过了。受此启示，他发明了以一丛细小的钩子啮合另一丛小圈环的新型扣件——凡尔克罗，这种尼龙扣能轻易地扣住，又能方便地脱开，不锈，轻便，可以水洗。它的用途很广，被应用在服装、窗帘、椅套、医疗器材、飞机和汽车制造业等方面。宇航员依靠它在失重状态下，可将食品袋扣在舱壁上，在鞋底上装上凡尔克罗，可以使他们的鞋子附在飞船舱里的地板上。

无独有偶，青霉素的发明也是医学家认真观察的结果。

1928年，英国医学家弗莱明开始研究葡萄球菌，这种病菌能使人致命。为了研究细菌，就要经常培养细菌。而培养细菌用的瓶子罐子总是用泥土来封口，这本来是不为人注意的事。一次，弗莱明在观察培养细菌时，忽然发现在离封泥较远的地方，细菌繁殖很快、很多。而在封泥的附近，葡萄球菌却被溶化成露水一样的液体。于是，弗莱明陷入沉思："这是什么道理呢？一定有一种奇特的东西，把毒性强烈的葡萄球菌制服了、消灭了。"弗莱明仔细分析封口的泥土，进行化验和提炼，终于找到了消灭病菌的药剂——青霉素，为人类的医疗事业做出了巨大贡献。

当有人问他是怎么发明青霉素的时候，弗莱明谦逊地声明："我的唯一功劳是没有忽视观察。"

这就告诉我们，要想成功，不仅需要努力，而且更需要有一双善于发现机会的眼睛。我们的身边从来都不缺少成功的机会，只看你是否善于发现并利用它，这才是取得成功的关键。

善于创造成功机会

亚历山大在某次战斗胜利后，有人问他，是否等待机会来临，再去进攻另一个城市。亚历山大听了这话，竟大发雷霆："机会是要靠我们创造出来的。"创造机会，便是亚历山大之所以伟大的原因。唯有创造机会的人，才能建立轰轰烈烈的丰功伟绩。

如果一个人做事情总要等待机会，那是极其危险的。一切努力和热望都可能因等待机会而付诸东流，而那机会最终也不可得。

拿破仑在成功翻越阿尔卑斯山之前，曾问他的工程师们："如果通过这条路直接穿越过去，有没有可能?"这些工程师吞吞吐吐地回答："可能行的，还是存在一定的可能性的。""那就前进吧。"身材不高的拿破仑坚定地说道，丝毫没有把工程师们刚才答话里的弦外之音听进去——穿越那山口是极其困难的。

英国人和奥地利人听到拿破仑想要跨过阿尔卑斯山的消息时，都报以无声的冷笑：那可是一个"从未有任何车轮碾过，也从不可能有车轮从那儿碾过的地方"。更何况，拿破仑还率领着 7 万军队，拉着笨重的大炮，带着成吨的炮弹和装备，还有大量的战备物资和弹药。

然而，被困的马塞纳将军在热那亚陷于饥饿境地时，一向认为胜利在望的奥地利人看到拿破仑的军队突然出现，他们不禁目瞪口呆。拿破仑没有被高山吓住，而是迎难而上。失败不属于拿破仑，他成功了。

"不可能"的事情一旦成为事实，总会有人说，这件事本该在很久以前就能做成；还会有人找借口说，他们遇到的巨大困难是任何人都无法克服的，从而把在困难面前的退却说成是顺理成章的事情。拿破仑在困难面前没有退缩，尽管这种困难对于任何人来说都是难以克服的。他需要前进，所以就创造了机会并牢牢地把握住这个机会。

无数英雄伟人在别人缩手缩脚、面对机会犹豫不决时，他们果敢地抓住机会，取得常人难以想象的伟大业绩。这些人总是能当机立断、雷厉风行、全身心地投入到行动中去，让整个世界为之喝彩。

因此，我们不能总是企盼着非同寻常的机会在面前神奇出现，而要善于抓住每一个普通的机会，让它在手中变得非同寻常。优秀的人不会等待机会的到来，而是善于创造机会、把握机会、征服机会，让机会成为服务于他的奴仆。

合理运用时间

学做时间的主人

许多人花费大量的时间去做些与梦想不相干的事情，因为他们还不懂得如何才能成为时间的主人。要努力让生命中的每个日子都值得“计算”，而不要只是“计算”着过日子。

一个人真正拥有而且极度需要的只有时间，其他的事物都部分或全部为他人拥有。像呼吸的空气、在地球上占有的空间、走过的土地、拥有的财产等，都只是短时间拥有。时间如此重要，但仍有很多人随意浪费宝贵的时间。

太多人把 80% 的时间浪费在 20% 成功概率的人身上；雇主花费太多时间在最容易出问题的 20% 的人身上；经纪人花费太多时间在不按时参加演出的演员或模特儿身上；政治家花费太多时间为 20% 得有问题或就是问题本身的人运作议事。玛丽·露丝在《节约时间与创意人生》中写道：“我的工作有一部分是市场咨询，常常要和人们讨论如何建立事业。我通常会建议他们，学会自由运用时间，把最重要的时间优先留给那些能够帮助自己建立事业，并且愿意协助自己达到成功的人身上。”

希望你先认识清楚，哪些是把时间吃掉的低价值事务。以下列出了最常见的 10 项：

（1）别人希望你做的事。

（2）老是以同样方式完成的事。

（3）你不擅长的事。

（4）无乐趣可言的事。

（5）总是被打断的事。

（6）别人不感兴趣的事。

（7）已花了两倍时间的事。

（8）合作者不可信赖或没有品质保障的事。

（9）可按预期过程进行的事。

（10）接电话。

果断抛开这些事，绝不轻易让人占用你的时间。不因别人开口要求或接到电话就去做某事，该说“不”时就说“不”。你只有学会做时间的主人，才能使生命变得更加丰富多彩。

提高时间的效率

要想提高时间的效率，必须把所有时间都看作有用的。尽量从每一分钟里得到满足，这种满足不仅包括取得一定的成就，也包括从消遣中得到快乐。

做一个终生乐观的人，把烦恼和忧愁从心中排除出去，使每一分钟都过得有意义。

下列建议可以教你如何提高时间效率：

既往不悔，即使做错了也不后悔。从时间角度来看，任何懊悔都是不必要的。

充足的时间应用在最重要的事情上面。这是节约时间的诀窍。

掌握一些新的节约时间的技巧，尽快熟知并加以利用。

每天要早起，这样坚持下去就可以节约许多时间。

午餐要适量，不可吃得太多、太饱。否则，下午容易打瞌睡，工作效率会降低。

学会浏览报纸，不能事无巨细全部看完。

掌握快速读书的方法，获得书中最主要的观点。

不花过多的时间在电视节目上，只要看看有关新闻和关于业务方面的节目即可。

让家与公司的距离短一些，把浪费在上下班路上的时间降到最低限度。

对自己的习惯要经常反省，好的保留，不好的改掉。

别空等时间。等车、等电话时，应构想下一步工作计划，或用来看书看报。

把表拨快 5 分钟，每天提早开始工作。

口袋里装有空白卡片，随时记下有价值的资料。

每月修正一次生活计划，删除无甚意义的内容。

每天阅读一次当天的计划表，并确定工作内容。

把要完成的工作写成一句话贴在办公室里，以便提醒自己。

处理必须处理的小事时，把重要的工作、目标记在心中，并善于在处理这些小事中发现能促成重要工作目标迅速实现的重要线索。

上班后的首件事，就是排列好当天工作的先后轻重次序。

按照事先排列的次序制成一张表，把重要的工作放在最前面，并尽快完成。

每月制订计划时要有弹性，留出空余时间，以便应付紧急情况。

完成重要工作项目后，要适当休息，求得工作和休息的平衡。

对难度较大的工作要智取，不要蛮干。

对哪些事情应列为优先事项，要有信心做出准确判断。

经常问问自己："若做这些事情，会不会产生效果?"如果不会，就干脆不做。

一次只专心致力于一件事。

自己感到马上可以取得成功时，就要加紧去做。

养成逐条检查日常工作计划表的习惯，看看是否跳过了困难的项目。

起草文件时不要怕花费时间，一定要深思熟虑。

在精力最佳的上午独立投入工作。

对每一项工作都要确定完成期限，尽可能在期限内完成。

讨论问题和听演讲时，一定要专心，以免事后再花费时间找人解释。

不要浪费别人的时间，否则就等于谋财害命。

碰到专业性很强的问题，一定要请专家帮忙。你在两三天中弄不清楚的问题，专家会在一两个小时甚至几分钟内就能帮助你弄清楚。

如果担当重要职务，最好学会分身，请专人为你管理信件、电话和处理琐事。

把回复各种问题的答案都写在文件上，有人来问时，把文件交给他看。

各种常用或不常用的物品要各有位置，避免在寻找时浪费时间。

集中全部精力

集中精力成大事

19 世纪的苏格兰作家托马斯·卡莱尔说，普通人一旦把全部精力集中到一个目标上也会有所成就；而天才如果把精力分散开来，最后也将一事无成。

精通某件事情的人在这件事情上可以比其他任何人都做得出色，即使这件事只是种萝卜。如果他花了所有的心血来精心培植最好的萝卜，他就是“萝卜学”的宗师，并将得到人们的认可。

成功向来都属于精力集中、目标专一的人，而不会属于见异思迁、摇摆不定的人。

如果一个人集中所有的精力和心志去坚持不懈地追求一种值得追求的事业，他就极可能获得成功。

最伟大的人是那些全力以赴、锲而不舍的人，他们一锤又一锤地敲打着同一个地方，直到实现自己的愿望。成功者是那些在自己的领域不断进取，对自己的目标坚定不移，做事专心致志、精益求精的人。

伟人之所以成为伟人，成功者之所以超越芸芸众生，就在于他们能够坚定不移地认准某个目标，并为之全力以赴，矢志不移。

无数的历史事实证明：只有集中精力，才能成就大事业。

如何集中精力

当爱迪生取得伟大的成就后，许多媒体的眼光都对准了他。一次，有位记者问道："成功的首要条件是什么?"

他回答："如果你有一种能够让身心全部投入到同一个问题上而且不知疲倦、锲而不舍的能力，你离成功就不远了。我之所以能取得成功，是因为别人会做许多的事情，而我只做一件，这就是区别。倘若他们将时间和精力放到同一个方向上，他们也能成功。"

一旦专注某种事物，人们会将有限的资源投入这种事物上，这样便节约了时间和精力。这种专注能够让思维处于连续的工作中，积极地思考必将取得良好的结果。同时，专注会蓄积全身的热情，你的思维、行动会变得积极而迅速。

如何才能将精力集中起来呢？有以下几种方法可供参考。

（1）转移注意力。

这主要针对有强烈自我感觉的人而言。既然注意力在自己身上，就将注意力转到别的事物上。

（2）克服自卑和恐慌。

一般情况下，这些消极因素对注意力的影响比较大，持续的时间也比较长。你要意识到它们的存在，想办法将它们驱赶掉，采取自我激励的方式，多给自己打打气，将心态恢复到积极状态中。

（3）保持头脑冷静。

当你情绪低落时，最好马上将思维带入工作中，直到进入积极状态。也可以利用外界的事物，比如听听优美的音乐、看一件精致的艺术作品或读一篇有趣的故事。只有保持情绪的平静，才能让大脑冷静下来。

（4）不要分散精力。

人的精力是有限的，如果将有限的精力分散到许多事物上，每一件事情都办不好。如果集中精力，只干其中一件事情，发生的作用比干几件事还要大。分散和专注是两个截然对立的行为，切忌三心二意。

（5）学会休息。

科学的作息规律能让你保持充沛的精力。适时地让大脑得到休息，会让注意力集中，产生较高的效率。专注的人一定懂得休息之道。

办事绝不拖延

拖延导致失败

拖延的习惯是人生的大敌，往往会生出悲惨的结局。恺撒因为接到报告没有立刻展读，以致一到议会就丧失了生命。

为什么我们总要把事情拖延到明天去做呢？我们自己欺骗自己，要自己相信以后还有更多的时间。

我们拖延工作是因为它们似乎是令人不愉快的、困难的或冗长的。不幸的是我们越拖延，就越令人不快。

之所以有许多人喜欢拖延，是因为他们不明白一个道理：许多事情在心情愉快或热情高涨时是可以轻松完成的，但若推迟几天或几个星期后，就会变成苦不堪言的负担。

当机立断可以避免做事情的乏味和无趣。拖延则通常意味着逃避，结果往往是不了了之。

恪守时间是做好工作的重要前提，也代表了明智与信用。在商人阿蒙斯·劳伦斯商业生涯的最初7年里，他从不允许任何一张单据到星期天还没有处理。商业界的人士都懂得，商业活动中某些重大时刻会决定以后几年的业务发展状况。如果你到银行晚了几个小时，票据就可能被拒收，而你借贷的信用就会荡然无存。

做事从不拖延是使人信任的前提，会给人带来美好的名声。遵守时间的人，一般不会食言或违约，是值得信赖的。

时间对每个人都是一样的，尽管产生的价值不一样，但每一分钟都是非常珍贵的。抓住了时间，你就抓住了金钱。

如何克服拖延的习惯

拖延是一种坏习惯。如果你觉得成功总是疏远你，扪心自问，你是否经常拖延时间。

你承认拖延时间的想法阻止你采取行动吗？你认识到“希望”“但愿”等字眼已构成行动的障碍吗？守株待兔不会使你的处境发生改变，你的惰性会使你无法做出重大的决定。

你必须时刻告诉自己：“拖延已成为我实现目标的最大阻力。”行动起来，除非你促使事物发生变化，否则一切依然如故。

行动需要努力和冒险，还会遭到失败。但不做的话，又怎能达到目的呢？在避免遭到失败的同时，你也失去了成功的机会。

你是“爱拖延”的人吗？对照下面的问题，看看你拖延的程度如何？

（1）当你对工作感到厌倦或对住房不满时，你总是依赖朋友帮忙吗？

（2）你总拒绝去做富于挑战的事吗？如节食、戒烟或学习。

（3）你总是拖延去做使人不耐烦的事吗？如打扫卫生、修车、洗衣服或写信。

（4）你常常许诺进行有意义的活动，如度假或观光旅行，而从未履行过这些诺言吗？

（5）当你面临艰巨的任务，或当众表现你的技能时，你感到“怯场”吗？

认真审视这些问题，你会发现产生惰性的根源是拖延，而拖延则是因为害怕冒险。

但是，摆脱拖延并不像人们想象中那样困难。你所要做的就是明确：不能等待明天或明年，而是从现在做起。关上正在看的电视，立即去写论文；搁下娱乐刊物，马上就拨电话；放下那块蛋糕，现在就实施节食计划。对于拖延成性的人，必须养成“从现在做起”的习惯。

克服拖延，最有效的方法就是做计划，将难以实现的目标分成可实现的几个部分，把大目标分成小目标，把小目标再划分成若干可以实现的段落。现在你所要做的就是采取实现小目标的第一步骤。

克服拖延必须“立即行动”，因为“立即行动”是成功者的格言。

教养是一种财富

教养的财富

成功励志导师奥里森·马登指出，教养是一种财富。在每个家庭中，它们像阳光一样受到欢迎。它们到处携带着光明和欢乐，对每个人给予美好的祝福。

有一天，美国第三任总统杰斐逊和孙子一起骑马外出。路上，有个奴隶向他们脱帽鞠躬，总统就提帽还礼。但他的孙子不理睬这黑人。杰斐逊厉声说道："汤姆生，你怎么能让一个奴隶都比你文明得多呢?"

有一个人在离开纽约多年之后，又回到这个城市。他感到非常奇怪："我朋友的生意怎么一点进展都没有？他的财力很雄厚，业务也很在行，机灵精明更是没人能比。"后来有人把答案告诉他："他性格太尖刻了，经常怀疑雇员欺骗他，对待顾客也不文明。所以，没有人肯卖力为他干活。那些投资人也不肯在他身上花钱，而愿意对那些行为更文明的商家进行投资。"

马登告诫人们：良好的教养是一个人真正的财富，你必须好好珍惜它，并学会运用它。

良好教养助你成功

教养本身就是一笔财富。文明的举止足可以替代金钱的作用，有了它就像有了通行证一样畅通无阻。即使身无分文，也随时随地会受到人们热情周到的接待。他们不用付出太多就可以享有一切，他们在哪里都能让人感到阳光般的温暖。

这正像英国政治家柴斯菲尔德所说的："一个人只要有教养，不管别人举止怎么不适当，都不能伤他一根毫毛。他自然就给人一种凛然不可侵犯的尊严，也会受到所有人的尊重。"

一个非常了解狄更斯的人说："每次狄更斯一走进来，房间里会豁然一亮，大家都会感到心里升起一股暖意。"据说，歌德有一次来到一个小饭店时，用餐的人都放下叉子和小刀，争相向他表示景仰之情。美国政治家亨利·克莱举止文雅、彬彬有礼，所有见过他的人都印象深刻。美国牧师、政治活动家爱德华·埃弗雷特在欧洲求学5年，在哈佛获得教席。在哈佛期间，学生们无比崇拜他。人人都能感觉到他的魔力所在，但谁也说不出是怎么回事。

这些人的成功，正是得益于他们良好的教养。由此可见，你若想获得成功，就有必要在提高教养上下功夫。

有些人为了追求成功，全身心地扑在事业上，不惜牺牲日常生活中普通的温情与享受。这种偏执的做法也非常不合绅士之道，而且对成功来说往往是南辕北辙。即使有好心愿意资助他们的人，一看到他们这个样子也会望而却步。有的生意本来可以不费吹灰之力就做成，结果却花落别家。道理很简单，其他人实力上或许不如他，但在生意上却是更好的合作伙伴。

巴黎有一家商店叫"廉价商场"，店面很大，员工数以千计，产品应有尽有。这家商场有两个非常引人注目的特点：一是童叟无欺，无论谁来买，商品都是一个价，而且价格也很低；二是非常注意待人接物，仅仅礼貌还不够，员工必须想尽一切办法让顾客满意。每一个来过"廉价商场"的顾客都留下美好的印象。有一次，一个要饭的小女孩来到"廉价商场"买了一件小玩意。临走时，店员仍不忘说一声："谢谢，亲爱的，欢迎下次再来。"这样的举动无疑是活的广告，赢来更多的顾客，最终使它成为全球最大的零售商店之一。

热情造就奇迹

热情可以创造奇迹

美国政治家亨利·克莱说：“遇到重要的事情，我会全身心地投入其中，根本不会注意身外的世界。那一刻，时间、环境、周围的人，我都感觉不到存在。”

一位金融家也有一句名言：“一个银行要想赢得巨大的成功，唯一的可能就是它雇了一个做梦都想把银行经营好的人做总裁。”原来是枯燥无味的职业，一旦投入热情，立刻会呈现出新的意义。

英国政治家格莱斯顿说过，最有意义的事情莫过于把一个孩子内心潜藏的热情激发出来。每一个孩子或多或少都有一些将来可以成就大器的潜质，不仅那些反应敏捷、聪明伶俐的孩子是这样，那些相对木讷甚至看起来有些愚钝的孩子也有这样的潜质。他们一旦产生了热情，原先人们在他们身上看到的“愚钝”也会慢慢消失。

爱默生说：“人类历史上每一个伟大而不同凡响的时刻，都可以说是热情造就的奇迹。穆罕默德就是一个例子，他带领阿拉伯人，在短短几年内，建立起了一个比罗马帝国的疆域还要辽阔的帝国。虽然他们的战士没有什么盔甲，却有一种崇高的理念在背后支撑着，其战斗力丝毫不亚于正规的骑兵部队；他们的妇女也和男子一样在战场上纵横驰骋，杀得罗马人溃不成军。他们武器虽然落后，粮草严重不足，但军纪严明，最后征服了亚洲、非洲和欧洲的西班牙。他们的首领用手杖敲一敲地，人们简直比看到一个人拿着刀枪还要害怕。”

拿破仑发动一场战役只需要两周的准备时间，换成别人也许会需要一年。这中间的差别，正是因为他那无与伦比的热忱。战败的奥地利人目瞪口呆之余，也不得不称赞这些跨越了阿尔卑斯山的对手："他们不是人，是会飞行的动物。"拿破仑在第一次远征意大利的行动中，只用了15天就打了6场胜仗，缴获了21面军旗、55门大炮，俘虏15000人，并占领了皮德蒙特。

每个人的身上都蕴藏着巨大的力量，只要运用自身的热忱，就能将力量充分发挥出来，创造出一个又一个奇迹。

如何培养热忱

许多人对他们从事的工作或正要去处理的事缺乏热忱，而培养热忱要做的首先就是处理你最不感兴趣的事。在努力工作后，你会发现，这些事并不如以前所想的那样无趣或困难。

有人问马登："怎样才能培养火一样的热忱呢？"马登告诉他以下方法：

（1）制定明确的目标。

（2）清楚地写下你的目标、达到目标的计划，以及为了达到目标愿意付出的代价。

（3）用强烈欲望作为达到目标的后盾，使欲望变得狂热，让它成为脑子中最重要的事。

（4）立即执行你的计划。

（5）正确而且坚定地照着计划去做。

（6）如果你遭遇到失败，应再仔细地研究一下计划，必要时应加以修改，别只因为失败就变更计划。

（7）断绝使你失去愉悦心情以及对你采取反对态度者的关系，务必保持乐观。

（8）将热忱培养成一种习惯，而习惯需要不断敦促。

（9）必须以达到既定目标的态度推销自己，自我暗示是培养热忱的有力力量。

(10) 随时保持积极的心态，在充满恐惧、嫉妒、贪婪、怀疑、报复、仇恨、无耐性和拖延的世界里不可能出现热忱。

马登认为不可以把热忱和大声讲话或呼叫混在一起：“热忱是指一种热情的精神特质，是深入人的内心的。我喜欢称之为‘抑制的兴奋’。如果你内心里充满要帮助别人的愿望，你就会兴奋。你的兴奋会从眼睛、面孔、灵魂以及整个为人方面辐射出来。你的精神也会因此振奋，而你的振奋会鼓舞别人。”

麦克阿瑟将军在南太平洋指挥盟军的时候，办公室墙上常挂着这样一块牌子，上面写着他的座右铭：你有信仰就年轻，疑惑就年老；有自信就年轻，畏惧就年老；有希望就年轻，绝望就年老；岁月使你皮肤起皱，但是失去了热忱，就损伤了灵魂。

这是对热忱最好的赞词。培养发挥热忱的特性，我们就可以对所做的每件事情加上火花和趣味。

一个拥有热忱的人，无论从事什么职业，都会认为自己的工作是一项神圣的天职，并怀着深切的兴趣。对工作充满热忱的人，不论工作多么困难或需要多大训练，始终都会不急不躁地进行。爱默生说过：“有史以来，没有任何一件伟大的事业不是因为热忱而成功的。”这真是一句精彩的忠告，它没有华丽的辞藻，却是一个指引成功的路标。对工作热忱，是一切希望成功的人必备的条件。

对工作热忱的人，具有无限的力量。威廉·费尔疏是耶鲁大学最著名而且受欢迎的教授之一。他在《工作的兴奋》中写道：“对我来说，教书凌驾于一切技术或职业之上。如果有热忱这回事，这就是热忱了。我爱好教书，正如画家爱好绘画、歌手爱好歌唱、诗人爱好写诗一样。人这一生之所以能够成功，最重要的因素是对每天的工作抱着热忱的态度。”

你可以利用简单的练习来刺激你的热忱。

（1）进行热忱的行动。这个建议看似多余，但完全不是这样。你应该自信地和他人握手，以明确的言辞回答问题，坚定地主张你的观念和建议。只有当你在行动中注入热忱，才能使这些行为变成自动自发地反应。

（2）记好热忱的日志。你的热忱高涨时，可将它记在记事簿里，记录激发热忱的环境，以及因为热忱而表现的举动：你会因为被激励而展开行动吗？你解决问题了吗？你说服某人了吗？同样，在记事簿中记入你的明确目标和达到目标的计划，每当你的热忱高涨时就把它记下来。这不但会提醒你出现热忱的原因，也能使你回顾热忱带来的好处。热忱就像螺旋，它会向内转或向外转，也会上升或下降。

（3）做“办得到”的工作。“办得到”的工作是你知道你能做得既好又快的工作。你应该使它和你的明确目标发生关系，以使它能帮助你引导并且控制你的热忱。“办得到”的工作就像拐杖，如果你不出门，拐杖对你是不会有帮助的。

培养你的自尊

自尊的人从不逃避自己

在现实生活中，不可能人人都当船长，必须有人当水手。重要的不在于你做什么，而是能否成为最好的你，并深深地接受你自己，不要逃避自己。

马登讲述过一个发生在他童年时代的故事，说的是个叫“翅儿”的女孩——一帮男孩的首领。她自强自立，虽身有残疾，却从不逃避自己。

生长在纽约市的乱街小巷中，我的朋友和我都知道品尝那一带喧嚷的热闹而避免过度拥挤产生的危险。篷车和马车隆隆地在狭窄的住宅街道上奔驰。我们拔腿飞奔，在巨大的车轮之间穿梭，避免受伤成了日常生活的一部分。

我们的童年就在这种拥挤的街上度过，其中可有不少乐趣。我们常常跃入满是瓜皮果壳的东河，探出头来去看某条大船顺流而下。我们常常在杂乱的街头列队而行，那些推车的小贩有时会给我们一些吃的东西。我们是一个大声争吵的蜂窝——并不是为了什么争吵，只是大声吵着好玩而已。

但那些车子对我们而言的确非常危险。我们把闪避那些车轮当作富有男子气的运动，但一个叫玛丽的女孩却硬要加入我们的队伍。这是在我们承认她是我们帮中一员之前的事；那时，我们都尽量避免和她碰在一起。

一天，玛丽正在闪避一辆马拉的啤酒车，一只凶恶的狗奔了过来，吓得那匹马急剧飞奔。车轮的速度因而加快，并将玛丽撞倒在街上，她的右臂被夹在一辆篷车的两条轮轴之间。说来真是奇迹，她的胳膊却没有因此而被扯裂——但自此以后，她的这只胳膊却被固定而成V字形。它从肩头向外突出，小臂向内弯曲，指向她的腰部，正好构成V字。这个V字可以前后摆动，指头也可以屈伸，但就是不能展开。当她奔跑时，胳膊就像飞鸟的翅膀般扑动。从那以后，我们都叫她“翅儿”。

“翅儿”很孤单，因为帮里的男孩都很残忍——都耻于与她为伍。这样一种不幸，要是落在其他人身上，多半会一蹶不振，但她却并不气馁。她仍是一个顽皮的姑娘，仍然穿着不成体统的顽皮姑娘所穿的衣服。她因为残了一臂而无法再去东河游泳，只得在河边散步。

许多人遇到这种情况，多半会把自己局限于幽静而沉寂的房中，诅咒命运，痛恨世人，厌恶自己。但“翅儿”没有这样做，她追求新的生活——在河边。

一个女孩在男孩的天地中，往往会因为她的畸形臂膀而成为取笑的对象。但“翅儿”没有否定她作为人的存在价值，她没有自暴自弃。

“翅儿”发现河滨世界的精彩是在一个初夏。商船驶进港口卸货，健壮的码头工人背负货袋，工作辛勤的男人在阳光之下叫骂。她喜欢看这些人工作，不久便和一个码头工人做了朋友，那是一个靠血汗挣钱的男人，辛勤而又诚恳。当她自称是个女孩时——她打扮得像非常顽皮的男孩——他感到惊奇。不过，他觉得她很有趣，其他男士也有同感。他们会让她跑跑腿，叫她提水桶、拿工具。

不久，她成了有固定工作的女子，在东河码头跑上跑下。她赚到了午餐，还有薪金可拿。她做了她应该做的事情，也赢得每个人的敬重。

时至10月末，天气非常闷热。我们一帮孩子来到东河，跃下来砂船旁的河中。突然间，一个叫作瑞德的男孩大呼救命，他被夹在一只驳船和码头当中。

他的一条腿被卡住了，他非常恐惧，我们也很恐惧。万一来一阵风把船吹向码头，将会把瑞德挤扁——甚至会送了他的小命。

我们无计可施。这时，救星来了。是“翅儿”，她奔跑而来，一只臂膀摇来摆去，好像稻草人被风吹着一般。她在码头边沿跪下，并将左臂伸向瑞德，一下子将他拖出危险。我们感到非常惊讶，简直不敢相信自己看到的一切。

不久，这个残缺的小女孩就被我们这帮孩子推为首领。最后，她赢得了我们的敬重。

值得一提的是，“翅儿”不但没有因为臂部畸形而逃避生活，反而获得一种内在的力量——毅力。

马登说：“我之所以直到如今还记得她，不仅是因为她救了瑞德的命，同时也是因为她绝不逃避人生。我深信，只要她活着，她就会永远保持年轻和活力，并且永远会面对现实，接受自己。”

如何才能学会自尊

俄国作家屠格涅夫说：“自尊自爱，作为一种力求完善的动力，是一切伟大事业的渊源。”那么，如何才能做到自尊自爱呢？下面列出的8条原则会对你有所启示。

（1）写出一种你对自己最欣赏的品质。

（2）用积极的观念反照消极的意识，以此确立自我价值。

（3）发现一位对你既坦诚又能不断帮你认识自我价值的亲密朋友。

（4）参加一个能帮助你改善自身缺陷的学习小组或培训班。

（5）阅读一些对如何改善自身缺陷有指导意义的相关书籍，并做好笔记。

（6）学会关注自己，去发现哪些活动能让你轻松愉悦，然后积极地投入到这些活动中。

（7）成为自我最好的倾听者，及时剔除在这种“对话”中出现的消极意识。

（8）帮助他人，在这种帮助中得到精神的愉悦。

按照以上8条原则，不断完善自己，严格要求自己，总有一天你会发现，你也成为自尊自爱的人了。

学会持之以恒

持之以恒才会成功

莎士比亚说：“千万人的失败，都失败在做事不彻底；往往做到离成功还差一步，便终止不做了。只要我们还能坚持一小会儿，便会看到成功的曙光；如果我们不轻易放弃，一直坚持到底，成功的大门就会向我们敞开。”

希拉斯·菲尔德先生退休时已积攒了一大笔钱，然而他突发奇想，想在大西洋的海底铺设一条连接欧洲和美国的电缆。随后，他就开始全身心地推动这项事业。前期基础性的工作包括建设一条1000英里长、从纽约到纽芬兰圣约翰的电报线路。纽芬兰400英里长的电报线路要从人迹罕至的森林中穿过，所以，要完成这项工作不仅包括建一条电报线路，还包括建同样长的一条公路。此外，还包括穿越布雷顿角全岛共440英里长的线路，再加上铺设跨越圣劳伦斯海峡的电缆，整个工程十分浩大。

菲尔德使尽浑身解数，总算从英国政府那里得到资助。然而，他的方案在议会上遭到强烈反对，在上院仅以一票优势获得多数通过。随后，菲尔德的铺设工作就开始了。电缆一头搁在停泊于塞巴斯托波尔港的英国旗舰“尼亚加拉”号上。就在电缆铺设到5英里时，突然卷到机器里面，被弄断了。

菲尔德不甘心，进行了第二次试验。电缆铺到200英里时，电流突然中断。就在菲尔德先生即将命令割断电缆、放弃这次试验时，电流突然又神奇地出现。夜间，轮船以每小时4英里的速度缓缓航行，电缆的铺设也以每小时4英里的速度进行。这时，轮船突然发生了严重倾斜，制动器紧急制动，不巧又割断了电缆。

但菲尔德并不是轻易放弃的人。他又订购了700英里的电缆，而且聘请了一个专家，请他设计更好的机器。后来，英美两国科学家联手把机器赶制出来。最终，两艘军舰在大西洋上会合了，电缆也接上了头。随后，两艘船继续航行，一艘驶向爱尔兰，另一艘驶向纽芬兰。两船分开不到3英里，电缆又断了。再次接上后，两船继续航行。到了相隔8英里时，电流又没有了。电缆第三次接上后，铺了200英里，在距离“阿伽门农”号20英尺处又断开了，两艘船最后不得不返回爱尔兰海岸。

参与此事的很多人都泄了气，公众舆论对此流露出怀疑的态度，投资者也不愿再投资。这时候，如果不是菲尔德先生，如果不是他百折不挠的精神，不是他天才的说服力，这一项目很可能就放弃了。菲尔德继续为此日夜操劳，甚至到了废寝忘食的地步，他绝不甘心失败。

于是，第三次尝试又开始了。这次总算一切顺利，全部电缆铺设完毕而没有任何中断，几条消息也通过这条漫长的海底电缆发送出去。一切似乎就要大功告成了，但突然电流又中断了。

这时候，除了菲尔德和他的一两个朋友，没有人不感到绝望。但菲尔德仍然坚持不懈地努力，最终又找到投资人，开始新的尝试。这次执行铺设任务的是“大东方”号，它缓缓驶向大洋，一路把电缆铺设下去。一切都很顺利，但最后在铺设横跨纽芬兰600英里电缆线路时，电缆突然又折断了，掉入海底。他们打捞了几次，都没有成功。于是，这项工作就耽搁下来，而且一搁就是一年。

所有这一切困难都没有吓倒菲尔德。他又组建了一个新的公司，继续从事这项工作，而且制造出一种性能远优于普通电缆的新型电缆。1866 年 7 月 13 日，新的试验又开始了，并最终顺利接通，发出了第一份横跨大西洋的电报。电报内容是："7 月 27 日。我们晚上 9 点到达目的地，一切顺利。感谢上帝！电缆都铺好了，运行完全正常。希拉斯·菲尔德。"不久，原先那条落入海底的电缆被打捞上来，重新接上，一直连到纽芬兰。现在，这两条电缆线路仍然在使用，而且再用几十年也不成问题。

菲尔德的成功证明，只有持之以恒，不轻言放弃，才会有意想不到的收获。

毅力是持之以恒的前提

持之以恒可以成为终身受益的好习惯，但要养成这种习惯就必须具有顽强的毅力。

每一位成功人士都会有一个共同特征，那就是在成功之前，都遭到非常大的险阻。表面看来，事情是应该罢手了。殊不知，还有一步就可以到达终点了，这一步正在突破的边缘。

第二次世界大战期间，英国正陷入苦战。首相丘吉尔受到来自内阁的压力，要他和希特勒妥协，寻求和平。

丘吉尔拒绝了，他说事情会有变化，美国会加入战争，局势将会被打破。有人问他何以如此肯定，他回答说："因为我研读历史，历史告诉我们，只要你撑得够久，事情总是会有转机的。"

1941 年 12 月 7 日，日本偷袭珍珠港，距离丘吉尔的那番谈话不过几个星期。希特勒立刻向美国宣战，一夕之间情势逆转，美国的全部兵力都拥向英国这边。日本片面的军事行动牵动了世界局势，使得丘吉尔得以拯救英国，使之免于受到纳粹德军的摧残。

坚持到底，在这个世界上，没有任何事物能够取代毅力。能力无法取代毅力，这个世界上最常见到的莫过于有能力的失败者；天才也无法取代毅力，失败的天才更司空见惯；教育也无法取代毅力，这个世界充满具有高深学识的被淘汰者。拥有毅力再加上决心，就能无往不胜。

毅力并不一定是指永远坚持做同一件事。它的真正意思是，你应该对目前从事的工作集中精神，全力以赴；你应该做得比自己以为能做的更多一点、更好一点；你应该多拜访几个人，多走几里路，多练习几次，每天早晨早起一点，随时研究如何改进目前的工作和处境。

每一个成功人物的背后，都有一段辛苦奋斗的历程。钢琴演奏家贝多芬在一次精彩绝伦的演奏结束后，一个女乐迷冲上前呼喊道："如果上帝赐给我如你一般的天赋，那该有多好！"

贝多芬答道："不是天赋，女士，也不是奇迹。只要你每天练习8小时钢琴，连续40年，你也可以做得像我一样好。"

毅力需要恒定的忍耐。请看以下这些数字：

马克思写《资本论》花了40年。

达尔文写《物种起源》花了20年。

哥白尼写《天体运行论》花了36年。

摩尔根写《古代社会》花了40年。

歌德写《浮士德》花了60年。

托尔斯泰写《战争与和平》花了37年。

司马迁写《史记》花了15年。

左思写《三都赋》花了10年。

洪升写《长生殿》花了9年。

曹雪芹写《红楼梦》花了10年。

徐霞客写《徐霞客游记》花了34年。

英国作家狄更斯说："顽强的毅力可以征服世界上任何一座高峰。"

凡事力求简洁

简洁的力量

在一家大公司的门口，写着几个字："所有的一切都要简洁!"这张布告明示着两层意义：第一，办事要敏捷；第二，简洁很有必要。

人们最厌恶的，就是谈话抓不住重点、旁敲侧击、不着边际，说来说去使人无法把握谈话的要点。所以，那种谈话不直接爽快而喜欢绕圈子的人，虽然在业务上肯下苦功夫，但往往做不成什么大事。成就大业者是那些做事爽直、谈话简洁的人。

培养做事爽直、谈话简洁的习惯，并不是难事。如果能常常有意地训练，并能集中思想，做到处事有条不紊、谈吐简洁明了，那么必然会养成简洁的习惯。

我们从一个人处理书信的方式，就看出他是否已经养成简洁的习惯。许多人写信函往往不是过于冗长，就是写得拖泥带水。许多人因为写不好一封求职信而无法得到好的职位。有一个公司的经理在阅读自荐信时，从来只把简洁的信放在一边。他知道，能写出简洁信函的青年一定是能干的青年。其他写信冗长的青年或写信夸夸其谈的青年，都不能引起这位经理的注意。

马登说："有一种美德是可以产生力量的，那就是简洁。"

力求简洁

凡事应该力求简洁，直截了当，切中要害。它既是一种机敏，也是一种智慧。

简洁的思想就像沙里淘到的金子，能启发大家的思考。子弹只有密集，才更有杀伤力。如果你要真正有所成就，就应该集中精力；如果你希望别人也知道你工作的价值，就应该化繁为简。美国大法官鲁弗斯·乔特可以在一分钟内把问题说得很透彻，其他人却需要一小时才能讲明白。

世界一流的环境法和行政法学家斯图尔特把时间看作资本的一部分。他的办公室是谁也不许进入的，客人只有把事情向门卫交代清楚了，才有可能在另一间办公室里见到斯图尔特。

如果访客是想和他谈私事，门卫就会告诉他："斯图尔特先生现在不谈私事。"如果谁得到允许，进入他的办公室，这个人必须尽可能简洁明了地把事情谈完。在斯图尔特的公司，一切都处理得迅速而井井有条，让他的对手都不得不佩服。在那里，看不到散漫随意、无所事事的现象，也没有人随便开玩笑。凡是工作时间，他们的口号只有一个词："效率"。

法国牧师、作家费奈隆说："演说的最高境界是能够做到简洁而意义深远。这就要求在事先能够精选出我们的思想，能够使要说的内容安排妥当，同时做到不慌不忙，镇定自若。"英国诗人罗伯特·骚塞说："如果你希望自己的话语能够有影响力，就应当尽可能简洁。语言也像阳光一样，越是浓缩集中，越容易把别的东西引燃。"

第四卷

唤起心中的巨人

原著［美］安东尼·罗宾

关于本书

安东尼·罗宾是成功心理学领域首屈一指的领袖。《唤起心中的巨人》带给你的，将不仅仅是你达到成功所需要的一切手段，安东尼的热情、激励与郑重承诺更将鼓舞你真正把握住生活的各个方面。

——《一分钟经理人》作者　肯尼斯·布兰查德

《唤起心中的巨人》自始至终充满科学的原理和方法，每一页都充满精练出来的、立即就能付诸行动的指导方针。通过这些方针，你可以把思想和情绪集中在你要达到的目标上。安东尼·罗宾是一位强有力的交流者和个人成功方面的真正权威人士。

——《成功》杂志总编　斯科特·狄迦莫

《唤起心中的巨人》是每一个想提高生活质量的人的必读书。安东尼·罗宾用他的热情和实用的建议点燃了读者生活的激情。

——《每个女人都应该知道男人的秘密》作者
巴巴拉·德·安格雷丝博士

安东尼的这本书是为每一个想获得自我成功的人而出版的。想在生活中的各个领域都获得满分，这是成功天才所必备的心理素质，诸如从新的角度考虑问题、恢复梦想的能力、将勇气和承诺带入生活等。

——《快乐致富》作者　吉姆·翰斯伯格

如何改变你的习惯

认识习惯

一个人的行为方式、生活习惯是多年养成的。比如，与人交往的形式、与人沟通的方式、与人相处的模式，都是多年习惯累积慢慢成形的。孔子在《论语》中提到："性相近，习相远也。"人的本性是很接近的，但由于习惯不同便相去甚远。小时候培养的品格就像是天生就有的，长期养成的习惯就像完全出于自然。

俗话说："贫穷是一种习惯，富有也是一种习惯；失败是一种习惯，成功也是一种习惯。"如果你重视观念和思考，你对此可能会有一些同感。

习惯也称为惯性，是宇宙共同的法则，具有无法阻挡的力量。"冬天来了，春天还会远吗?"这就是无法阻挡的一股力量；苹果离开树枝必然往下掉，同样是无法阻挡的一股力量。

所谓"习惯"，就是人和动物对于某种刺激的"固定性反应"，这是相同的场合和反应反复出现的结果。如果一个人反复练习饭前洗手的话，这个行为就会融合到他更为广泛的行为中去，成为"爱清洁"的习惯。

习惯是某种刺激反复出现，个体对之做出固定性反应，久而久之形成的类似于条件反射的某种规律性活动。它包括生理和心理两方面，即能够直接观察及测量的外显活动和间接推知的内在心路历程——意识及潜意识历程。心理上的习惯，即思维定式一旦形成，更具有持久性和稳定性，在更广泛的基础上，就成了性格特征。

习惯决定命运

美国心理学家威廉·詹姆士说："播种行为，收获习惯；播种习惯，收获性格；播种性格，收获命运。"一种好习惯可以成就人的一生，一种坏习惯也可以葬送人的一生。

试想，一个爱睡懒觉、生活懒散又没有规律的人，他怎么约束自己勤奋工作？一个不爱阅读、不关心身外世界的人，他能有怎样的胸襟和见识？一个自以为是、目中无人的人，他如何去和别人合作、沟通？一个杂乱无章、思维混乱的人，他做起事来的效率会有多高？一个不爱独立思考、人云亦云的人，他能有多大的智慧和判断能力？

习惯是人生成败的关键，成功者与失败者唯一的差别就在于他们拥有不一样的习惯。好习惯实际上是好方法——思想的方法、做事的方法。培养好习惯，即是在寻找一种成功的方法。一个人的坏习惯越多，离成功就越远。

为什么很多成功人士敢扬言即使现在一败涂地也能很快东山再起？也许就是因为习惯的力量：他们养成的某种习惯锻造了他们的性格，而性格铸就了他们的成功。

人类所有优点都要变成习惯才有价值，即使像"爱"这样永恒的主题，也必须通过不断修炼，变成好的习惯，才能化为真正的行动。

很多好的观念、原则，知道是一回事，能否做到是另一回事。这中间必须架起一座桥梁，这座桥梁便是习惯。

那么，习惯的价值到底有多大呢？美国科学家发现，一个习惯的养成需要21天。如果真是如此，从效率角度分析，习惯应该是投入产出比最高的了，因为你一旦养成某个习惯，就意味着你将终身享用它带来的好处。

正如安东尼·罗宾所说："成功与失败的最大分野，来自不同的习惯。好习惯是开启成功之门的钥匙，坏习惯则是一扇向失败敞开的门。"

培养受益终身的好习惯

如何养成好的习惯呢？主要有两点：一靠制度约束；二靠努力和决心。

在养成好习惯、去除坏习惯的初期，必须靠制度的强制作用进行约束。

每个人饭前、便后洗手的好习惯不是与生俱来的，而是经过父母或他人的无数次强制和纠正才得以养成。新加坡素有"花园城市"的美名，市民的自律习惯更是让人称叹。但你可知道，当时这些习惯的培养甚至动用了警察、监狱等国家机器来强制。所以，"好习惯出自强制"是不折不扣的真理。

好习惯的养成，除了靠制度的约束、教育的陶冶，还要依靠自己的决心和勇气。在一个积极向上的文化氛围中，你总睡懒觉，于心何安？在一个团结合作的文化氛围中，你总自以为是、目空一切，如何立足？在一个开拓创新的文化氛围中，你总趋炎附势、人云亦云，怎么发展？所以，文化是一种更为强大的自然整合力，超越了制度的强制力、超越了习惯的恋旧性，不知不觉地影响着每个人的心理和精神，最终成为自觉的群体意识。

改变你的坏习惯

习惯的养成就是通过一再地重复，由细线变成粗线，再变成绳索的过程。每一次重复相同的行为，就增加并强化它，绳索又变成缆绳，再变成链子，最终就成了根深蒂固的习惯，把思想与行为缠得死死的。

习惯充满我们的整个生活。一天中几点起床、就寝，是一种习惯；穿衣的姿势、颜色的喜好，是一种习惯；甚至怎么吃饭、怎么做事，都是习惯在起主导作用。

英国桂冠诗人德莱敦说：“首先我们养成了习惯，随后习惯养成了我们。”我们之所以有今天，乃是习惯造成的，如果我们要想拥有跟以前截然不同的人生，就要有巨大的改变。而唯一之途，便是换个完全不同的行为模式，即改变很多坏习惯。

查尔斯·谢灵顿博士是脑生理学方面的专家，他认为，在学习过程中，神经细胞的活动模式与磁带录音类似。每当我们记忆起以往的经历时，这个模式便重新展示。如果你对失败习以为常，你将易于接受失败的习惯感情，这种感情色彩将在你所做的一切事情中留下烙印。如果你能建立一个成功的模式，你便能激励起胜利的感情色彩。从这个意义上说，改变我们的习惯，也就改变我们命运的走向。我们是习惯的动物，人类95%的行为是通过习惯养成的。

坏的习惯，就像一条有太多孔洞的破船，任你想尽方法，也无法阻止它往下沉。何不趁早弃船逃生，即改掉坏习惯呢？改掉坏习惯的最有效方法就是用好习惯来取代它。

你一定要坚信：掌握了好习惯，就掌握了迈向成功的命运。从现在起，我们就要开始行动，就要下定决心改掉这些坏习惯。

学习是公认的最重要的一种改变行为、塑造行为，以及养成习惯的方法。利用增强原理，通过某些方式的“学习”，我们可以矫正偏差行为，消除坏习惯。而削弱、隔离、惩罚是较有成效的消除坏习惯的方法。附带说明一点，习惯的矫正和培养越是从小做起，阻力就越小。幼儿时期是行为塑造的黄金时期，而这个时候习惯的塑造也因为阻力小而变得简单易行。

如何完善你的行为

尝试改变自己的行为

人的行为不是一成不变的，它可以通过努力加以改善。如果你正在为某些行为而懊恼，何不从现在开始就尝试改变它们呢?

不要为烦恼而责怪任何人或事。实际上，根本不要谈到你的困难，更不要在进入下一个步骤之前提到它们。任何寻求怜悯，企图使你自己当时感觉好些的措施，都会确实地削弱你的力量，如此更会使你自己成为可怜虫或受害者。

不要将你的选择归罪他人。一旦做了就不要逃避责任，纵然是采纳别人的构想而大祸临头。

避免使用“我们”。你拒绝了一项邀请，就说你很累，不管你的同伴是否也有同感，尽量使用第一人称单数的说法。

不要说诸如“我相信你不会喜欢的”“我知道××使你不悦，所以我不邀请他”之类的话语。你可以问问他自己的感想，但不要越俎代庖，告诉别人。经常企图预测别人想听的话，正是好好先生典型的表现，其结果只会增加你对平凡的自我，以及一些被恼怒的朋友的恐惧感。

不要让他人左右你的思想。提醒他们“态度宜温和”，你当时的感觉是基于本能油然而生，无论如何这都是你的权利。永远不要仅仅为了维持和平而向他人道歉。

你向朋友或陌生人谈到自己时，不要只叙述事实。在这几周内，尽量少把事实平铺直叙地说出来，而代之以意见和反映。不要提到有关身份地位的象征，以免使陌生人铭记在心。同时，避免机械式的对白，就像细数你那天从早上6点开始的所作所为一样。

如果你已知道一个故事会按照什么方式讲，就不要把它说出来。背诵式的说明将会增加你在毫无准备的情形下对我说错话的恐惧感。

按照以上意见去做，你会发现，改变行为并不十分复杂。

保持主见

要完善你的行为，就必须在改善一些行为的同时保持主见。没有主见的人，不可能有完善的行为。

投资家华伦·巴菲特从来不完全相信理财顾问的话："假设手上有100万美元，如果完全相信内线消息，一年之内就会破产。"

有一位父亲让儿子骑在驴背上，自己走着。不久，一个老人轻蔑地说："这家人真是不懂礼数，竟然让老子给儿子牵驴。"农夫便让儿子从驴背上下来，父子俩手牵着手继续赶路。没走多远，一个年轻人不解地说："真是两个怪异的家伙，有驴不骑偏要走路。"农夫觉得有道理，便把缰绳递给儿子，自己跨到驴背上。没走多远，一个妇人咕哝着："那么大的人自己骑在驴上优哉游哉，让这么小的孩子来牵，真是没心没肺！"老农只好把儿子也拽到驴背上。不久，又来了一个人："真不像话，毛驴每天为你辛苦劳累，你竟然还要骑着它，还一骑就是两个。"农夫不知道怎么办才好，最后只好抬着驴回家。

一个人没有独立思考的能力，很容易在别人开口时变得没有主见。所以，培养独立思考问题、独立解决问题的能力是保持个性的重要方面，也是一个人立足于世的必要条件。

世界上找不到两片完全一样的叶子，人生又何尝不是如此。没有两个人的态度、信念、价值观和自身所具备的潜能完全一致，所以发生在他们当中一个人身上的事情，并不能假定在另一个人身上也会有相同的结果。听取和尊重别人的意见固然重要，但千万不要人云亦云，更不要乱了方寸，不知所措。否则，你不但会在左右摇摆中身心疲惫，失去许多成功的机会，有时还会失去自我。

变得积极起来

要不断完善自己的行为，让自己变得积极起来。给人积极的印象非常重要，它可以成为你取胜的法宝。具体可采用如下方法：

（1）站起来发言。

无论在大会上讲话，还是在办公室发言，最好的姿势是站起来。站起来发言，给人的感受更强烈、更有感染力，还可以居高临下，把握会场的气氛。

（2）抢接电话。

如果动作迟缓，只会给人留下做事消极的印象。在办公室里，一旦电话铃响，应迅速反应，抓起话筒。

（3）提早上班。

提早上班，会给人积极肯干的印象。当别的同事睡眼惺忪地赶到办公室，开始做准备工作时，你已进入工作状态，上司自然会另眼看你。

（4）腰杆挺直快步走。

这样做会给人一种充满朝气、富有活力的感觉。如果弯腰驼背、慢慢腾腾、无精打采，会让人如何评价你呢?

（5）握手有力。

握手是交际的礼仪，也是表现自己的武器。用力握手可使对方感到你的热情与坚强，能给人留下深刻的印象。

（6）坐姿正确。

坐在椅子或沙发上的姿势一定要正确，不能全身埋在沙发里或懒散地靠在椅子上。坐姿端正，上半身自然前倾，则会让人觉得你聚精会神，进而给人留下做事认真、积极的印象。

（7）做好笔记。

别人讲话时，要注意边听边做笔记。做笔记一方面可以记录有用的内容，另一方面则表示对对方讲话内容的认同，也包对对方的尊敬。

（8）名字要写大。

姓名是每个人的代号，签名时尽可能把字写得大一些，因为写大字的人一般较有进取心。

（9）坐到上司身边。

对自己越有信心的人，越喜欢和上司坐在一起。在没有安排固定座位的场合时，主动坐在上司身边，可以显示出自己的信心。

（10）额外工作抢着干。

做好分内的事外，对于额外增加的工作也要积极肯干，一方面显示你的热心，另一方面体现你的能力。

（11）求教要登门。

如果你有事向同事请教，一定不能通知他来你办公室，你必须去他的办公室。这样既能让对方看到你的诚意，又能感受到你的谦恭态度。

（12）袒露你的希望。

充满希望的人才会有魅力。拥有远大目标的人，便会给人积极、有闯劲的感觉。

每个人都不喜欢甚至讨厌与偷懒的人相处。只有处处给人以积极的印象，才能受到同事的好评，还会得到上司的器重。

如何开发你的潜能

认识你的潜能

在每个人的身体里面，都潜伏着巨大的力量。只要你能发现并利用这种力量，便可以成就你向往的一切。

如果能打开心智的眼睛，看到内在无限大的宝库，你会发现在你的周围就有无限财富。在你内心有一座金矿，你可以从这座金矿取得所需的一切，而使生活变得幸福、愉快和丰富。

如果能唤醒这种潜在的巨大力量，往往会出现奇迹。平凡的人的体内同样有着巨大的潜能，只要能激发他们体内一小部分潜能，就可能成就伟大的、神奇的事业。

很多人都不知道，在他们内心深处有着无限智慧的金矿，不论你要什么，你都能抽取出来。一块有磁性的金属可以吸起比它重 12 倍的重量，但如果除去这一块金属的磁性，它甚至连轻如羽毛的重量都吸不起来。同样，人也有两类。一种是有磁性的人，充满了信心和力量，知道自己天生就是胜利者、成功者。另一种是没有磁性的人，充满畏惧和怀疑。机会来临时，他们却担心自己会失败。这种人在生活中不可能有成就，因为他们害怕前进，只好停留在原地。所以，每个人都要争取成为有磁性的人，并找出亘古以来的主要奥秘——潜能。

在你潜意识的深处，有着无限的智慧、力量，以及你所需要的各种各样的“供应器”，这些都等着你去发掘、培养、发挥。

如果你愿意开放你的心灵去接受，你潜意识中的无限智慧就会在任何时间、空间，提供你所需要的每一样事物。你可以接受新的思想和观念，使你能够提出新的发明、新的发现，或写出新书和剧本；你潜意识中的无限智慧，甚至可以把各种奇妙的知识，原原本本地传授给你。它可以指引你，为你打开道路，使你在生活中能够完美地发展自己，并达到你真正应该达到的水平。

在人的身体和心灵里面，有一种永不衰败、永不腐蚀的东西。这种力量一旦被唤醒，即便在最卑微的生命中，也能像酵母一样，对身心起到发酵净化作用。

去发现这种思想、感觉和力量，这是你的权利。潜能虽然无法看见，但它的力量却极为强大。在你潜意识里，你会找到每一种问题的解决方案，以及每一结果的原因。由于你可以吸取这些隐藏在内心深处的力量，你可以完全在丰富、安全、愉悦和自主之中向前行进。

未来的医生会让病人知道，在人的身体内部潜伏着一种创造的力量。这种创造力量不但创造了他自己的生命，而且不断地更新生命、恢复生命。这种潜意识的力量能把人从身心俱疲的状况中提升起来，再度恢复健康、完整，再度充满活力，再度强壮起来，并努力去获得幸福、健康。在你潜意识中，也有这种奇迹般的治疗力量，可以治好你因深受折磨而破碎的心灵。它可以打开你的心狱之门，也可以帮你摆脱物质和身体上的束缚。

一个人一旦能对内在的潜能加以有效运用，他的生命便永远不会陷于卑微贫困的境地。

重视你的潜能

一个人的潜能来源于他的天赋，而天赋又不大容易改变。但实际上，大多数的人潜能都深藏潜伏着，必须要外界的东西予以激发。如果人们的天赋与潜能不被激发、不能发扬光大，其固有的潜能就会变得迟钝并失去它的力量。

爱默生说：“我最需要的就是有人叫我去做力所能及的事情。”

去做“我”力所能及的事情，是表现“我”的潜能的最好途径。拿破仑、林肯未必能做的事情，但“我”能够做，只要尽“我”最大的努力，发挥“我”所具有的潜能。

安东尼·罗宾认为，人的体内都潜伏着巨大的潜能，但这种潜能酣睡着，一旦被激发，便能做出惊人的事业来。因此，我们必须重视它，并动手发掘它。

在现实生活中，有许多人直到老年才表现他们的潜能。是什么在他们老年时激发他们的潜能呢？有的是由于阅读富有感染力的书籍而受到激发，有的是由于聆听了富有说服力的讲演而受感动，有的是由于朋友真挚的鼓励。对于激发一个人的潜能，作用最大的往往就是朋友的信任、鼓励、赞扬。

倘若你和一般失败者面谈，你就会发现：他们失败的原因，是他们无法获得良好的环境，是他们从来不曾走入足以激发人、鼓励人的环境中，是他们的潜能从来不曾被激发，是他们没有力量从不良环境中奋起。

几乎所有的人都只发挥了潜能的15%，不能发挥其余85%的原因在于恐惧、不安、自卑、意志薄弱及罪恶感。将所有的原因综合起来，可以说是“与外界的不调和”，因为不能包容外界，则等于是替自己的潜能踩了刹车。

与外界的调和能使你的潜能发挥到淋漓尽致的地步，相信你也会很容易便能了解这个法则，因为所谓创造的行为，是向着外界去发挥。一旦能和外界调和时，自然会产生优异的结果。

如果你希望人生富有创造性，首先你必须做个“不怕失败的人”。乍看之下，这似乎和“无所不能”的命题相矛盾，但仔细想一想却不是，因为失败和“不能做”不同。此外，失败就不是与成功完全对立的，它可以是到达成功的中转站。精神的强者，越是失败，越能在失败中得到教训，越能提升创造的热情。所以，问题不在于是否会失败，而在于是否遇到一两次失败就放弃奋斗。凡是能包容别人的人，甚至连失败也能包容在内，这种人最后必然会获得成功。

充分开发潜能

1 分钱和 20 块钱如果都被扔在海底，它们的价值就毫无区别。只有当你把它们捞起来按惯有的方式花掉时，才会有区别。只有当你充分开发并有效利用你的巨大潜能时，你的价值才成为真实的和可见的。

尼亚加拉大瀑布在好几千年里，有上万亿吨的水从 180 英尺的高处奔涌而下，坠落到深渊里，毫无意义地流失掉。然而有一天，一个人制订了一个计划——利用这巨大能量的一部分。他使一部分下落的水流有目的地经过一个特殊的装置，产生出上亿万千瓦的电力，推动工业发展的巨轮。从此，成千上万的家庭有了电的光明，成吨的粮食可以用机械收割，大量的产品被生产出并运输到全美各地。这种新的能源使许多人有了工作，孩子们受到现代化的教育，道路被开通，高楼、医院被建造。这一切能实现，都是因为发现并利用了尼亚加拉大瀑布的能量，让它为一个特殊的目的服务。

我们也要学会尽快开发和利用自己的潜能。你的潜能会在不断运用中得到增加，而且会带给你更多的收益。

我们如何才能将潜能正确引导出来呢？

（1）在使用中开发潜能。要开发潜能，必须使用已有的能力。哪怕你已具有某种能力，可只要将其搁置一旁，废弃不用，严格地说也只算潜在能量，对现实毫无作用。

（2）选准最易突破的一点。面对五花八门、种类繁多的各种潜能，并不需要对每一种潜能都投入完全一样的时间成本、精力成本去大力开发。那不仅会分散有限的精力，而且也不现实。在全面了解、重视整体潜能的同时，应根据自己的优势，集中力量，选准一种关键潜能进行开发，取得突破。

（3）充分考虑天赋、资质等客观条件。人人都有优势才能，人人都有最佳发展区。要根据天赋和资质，特别是根据优势和特长来确定应当着重开发的潜能。只有这样，才能使潜能的开发事半功倍。最新教育观提出：由于每个人的特点不同，每个人都应当有自己的课程。每个人开发潜能，也一定要根据自身特点，设计出自己的开发、利用潜能的蓝图。

（4）承受适当的压力。人往往有惰性，只有在一定压力下，才能最大限度地开发潜能。压力是促使进步的最好动力。科学家贝弗里奇说："人们最出色的工作往往是在逆境中做出的，思想上的压力，甚至肉体上的痛苦，都可能成为精神上的兴奋剂。""创造学之父"奥斯本说："多数有创造力的人，其实都是在期限的逼迫下从事工作的。工作时加上情感的力量，会使得工作更加完美。谁被逼到角落里，谁就会有出奇的想象。"当然，压力不能过大，否则就会把人给压怕了、压垮了。压力适度，不但是行动的最好保障，而且能把潜能发挥到极点，创造出令人震惊的奇迹。

如何解决内心矛盾

克服心理障碍

每个人都有能力发展自己，取得更大的成功。不幸的是人们在开发潜能、取得成功的过程中常会遇到某种心理障碍，这就是所谓的“约拿情结”。“约拿”是圣经中的人物，上帝给了他机会，他却退缩了。这是怀疑甚至害怕自己的智力达不到预期的光辉水平，心理软弱以致甘愿回避成功的典型。

回避成功的心理障碍，主要有意识障碍、意志障碍、情感障碍、个性障碍等方面。只有认清它们的面目，才能有效的克服它们。

（1）意识障碍。

所谓意识障碍，是指由于人脑歪曲或错误地反映了外部现实世界，从而影响以至减弱人脑的辨认能力和反应能力，阻碍了人们对客观事物的正确认识，甚至影响了人们在事业上的成功。意识障碍的主要表现形式有：

①自卑型心理障碍。因生理缺陷或心理缺陷，自认为智力水平低或家庭、社会条件不如人，产生一种缺乏自信，不能进行自我能力开发的悲观感受。

②闭锁型心理障碍。不愿表现自己，把自我体验封闭在内心，而不愿向他人表现，缺乏自我开发的积极性。

③厌倦型心理障碍。这是一种厌恶一切自己不感兴趣和无能为力的事情的心理状态。存在厌倦心理的人，常常抱怨怀才不遇，悔恨明

珠暗投，对自我开发失去兴趣。

④志向模糊型心理障碍。是指对将来干什么、成为何类人才的想法不明确，从而没有定向进取的内驱力，而不能进行自我能力开发的心理障碍。

（2）意志障碍。

所谓意志障碍，是指人们在自我能力开发中，确定方向、执行决定、实现目标的过程中起阻碍作用的各种非专注性、非持久性、非自制性等意志心理状态。意志障碍的主要表现形式有：

①意志暗示型心理障碍。在制定和执行目标时，易受外界社会风潮和他人意见的直接或间接的影响，产生一种动摇不定的意志心理状态，表现为确定目标时的“朝三暮四”、执行决定时的“三天打鱼两天晒网”。

②意志脆弱型心理障碍。没有勇气去征服实现目标道理上的困难，不是主动去征服困难，而是被动地改变或放弃自己长期进取的既定目标。

③意志怯懦型心理障碍。怯懦是一种懦弱胆小、畏缩不前的心理状态。这种人过于谨慎，小心翼翼，犹豫不决，稍有挫折就退缩，影响自我能力开发的完成。

（3）情感障碍。

所谓情感障碍，是指人们在对能力的自我开发中，对客观事物所持态度方面的不正确的内心体验，主要表现为情感麻木，其产生原因主要是由于长期遇到各种困难，受到各种打击，自己又不能正确地对待和加以克服，以致对客观外界事物产生恐惧的内心体验，从而形成内向封闭性的心理状态。

（4）个性障碍。

所谓个性障碍，是指人们在自我开发中常常出现的气质障碍和性格障碍。如抑郁质的人孤僻、不善交际，黏液质的人优柔寡断、缺少魄力，多血质的人缺乏毅力，胆汁质的人办事武断、鲁莽。

（5）其他障碍。

主要包括感觉加工中的心理错觉、知觉中的错觉和偏见、思维定式的障碍等。这些障碍主要属于认识上的主观片面性、表面性，以及思想僵化凝固等原因。这些和回避成功、害怕成功的心理障碍是两种性质不同的心理障碍，但同样对人的事业成功有着巨大影响。特别是当这些心理障碍互相影响时，会形成强大的负效应，导致事业的失败。

有些人成就不大，不是由于智力不够，而是由于没有克服心理上的弱点和障碍。只有不断向自己挑战，认真对待以上心理障碍，才能取得更大的成功。

忘记内疚向前看

内疚情绪能使你经常为他人着想，体谅别人。当人刚刚降生时，很少注意到别人是否舒适和便利的，自己想要什么就要什么。当我们逐渐长大时，就会慢慢认识到，这世界上还有别人，自己必须有时顾及他人的存在。每个人都有自私的一面，当我们了解到自私是不良的品行而且只是在顾及自己的利益时，就会产生内疚的刺痛。

内疚能激励具有德行的人产生美好的思想和行为，但并非每种内疚都能产生良好的结果。内疚的悔恨情绪只有配合积极的心态才会有良好的促进作用，否则就会一种有害的结果。

许多人在生活中潜移默化地受到内疚情绪的影响，简直成了名副其实的悔恨机器。在各种行为误区中，内疚悔恨是最为无益的，它无疑是在浪费你的情感。然而，时光一去不返，无论你怎样内疚悔恨，已经发生的事是无法挽回的。

我们有必要指出，内疚悔恨与吸取教训是存在很大区别的。悔恨不仅是对往事的关注，而且由于过去某件事产生了现时惰性。这种惰性范围很广，其中包括一般的心烦意乱直至极度的情绪消沉。假如你是在吸取过去的教训，并决意不再重做，这并不是消极悔恨。但如果你由于自己过去的某种行为而到现在都无法积极生活，那便成了消极的悔恨了。吸取教训是健康有益的做法，也是不断取得进步与发展的必要环节。悔恨则是不健康的心理，白白浪费了目前的精力，又有损身心健康。实际上，仅靠悔恨是不能解决任何问题的。

安东尼·罗宾经常以愉快的方式来结束每一天。他告诫我们说：时光一去不返。每天都应尽力做完该做的事。疏忽和荒唐事在所难免，尽快忘掉它们。明天将是新的一天，应当重新开始，振作精神，不要使过去的错误成为未来的包袱。以悔恨来结束一天，实在是不明智之举。英国首相劳合·乔治有一天和朋友在散步，每经过一扇门，他便把门关上。朋友说："你没必要把这些门关上。"乔治却说："当然有必要。我这一生都在关身后的门，这是必须做的事。当你关门时，也将过去的一切留在后面。然后，你又可以重新开始。"

要成为快乐的人，重要的是学会将过去的错误、罪恶、过失通通忘记，即忘记内疚向前看。我们只有忘记过去的事，努力向着未来的目标前进，才能使自己不断走向辉煌。

接受不可避免的事实

有位企业家做了错误的决定，让他蒙受了巨大的损失。在这之后，他拒绝承认自己的失误，拒绝接受不可避免的事实。他失眠了好几夜，痛苦不堪，但问题一点也没解决。更严重的是，这件事还让他想起很多以前细小的挫败，他在灰心失望中折磨着自己。这种自虐的情形持续了一年，直到他向一位心理专家求救后，才彻底从痛苦中解脱出来。

如果考察一下著名的企业家或政治家，就会发现，他们大多都能接受不可避免的事实，保持平和的心态，过一种无忧无虑的生活。当我们不再反抗那些不可避免的事实之后，我们就能节省精力，去创造更加丰富的生活。既抗拒不可避免的事实，又去创造新的生活，谁都没有这样的情感和精力。你只能在两者中间选择其一：可以选择接受不可避免的错误和失败，并抛下它们往前走；也可以选择抗拒它们，变得更加苦恼。

如果我们不接受不可避免的挫败，而是去反抗它们，我们就会得到一连串的焦虑、矛盾、痛苦、急躁、紧张等，我们会因此整天神经兮兮、不知所终。

既然如此，那就接受不可避免的事实，保持乐观的态度，轻松地生活下去吧。

如何了解他人想法

学会察言观色

一个人的想法往往会通过他的态度及动作流露出来，只要仔细地观察他人，即学会察言观色，便可以了解他人的想法。这与古代向君主进谏的大臣有点相似，都得将心态放在比较低的位置上，这样更便于察言观色。

春秋时期的齐国宰相管仲深明察言观色之道，等到适当的时机再从旁进谏。但有一次，他稍不小心，还是触到齐桓公的“逆鳞”。

当管仲审核国家预算支出时，发现宴客费用居然占总支出的2/3，难怪国家财政捉襟见肘。他认为这太浪费，此风断不可长，立刻去找桓公，当着众臣的面说：“大王，必须裁减宴客费用，不能如此奢侈……”

没想到桓公面色大变，激动地反驳说：“你为什么也要这样说呢？想想看，隆重款待那些宾客的目的是使他们有宾至如归的感觉，他们回国后才会大力替我国宣传。如果怠慢那些宾客，他们一定会不高兴，回国后就会大肆说我国的坏话。粮食能够生产出来，物品也能制造出来，又何必节省呢？要知道，君主最重视的是声誉啊！”

“是！是！主公圣明。”管仲不再强争，即刻退下。

如果换作忠义好辩的人士，继续抗争下去，可以想象会有什么后果。管仲的聪明之处在于他善于察言观色，做到该进则进、该退则退、当止则止。

与人交往也应顺着对方的心意，不可逆犯对方的忌讳和尊严。不然不但达不到目的，反而会使自己处于非常尴尬的局面。所谓“出门观天色，进门看脸色”，特别是在求人办事时，只有善于从对方面部表情做出准确判断，再付诸行动，这样才会有成功的可能。

通过语音洞察人心

一个人说话的语速在某种程度上往往能够反映出他的想法。一般说来，如果对某人心怀不满，或者持有敌意时，许多人的说话速度会变得迟缓。相反，如果有愧于心，或者有意要撒谎，说话速度自然会变快，这是人之常情。

在正常情况下，一般人的深层心理中如果怀有不安和恐惧情绪时，说话的速度会加快，他希望借着快速的谈吐，使内心潜伏的不安或恐惧得到缓解。

如果有人平时沉默寡言，却突然不大自然地能言善辩起来，他内心里一定隐藏着不能为外人道出的秘密。当一个人提高说话的音调时，即表示他想压倒对方。

有一种人话题始终说不完，即使想要告一段落，也得花费相当的时间。这表示在说话者的内心里，潜伏着一种唯恐话题即将说完的不安与担忧。

说话速度是一个人与生俱来的气质及在平日与人交往中锻炼所形成的。但是，异常的说话速度常常与内心的思想有很密切的联系。比如，平时能言善辩的人突然变得口吃起来，平时说话不得要领的人突然说得头头是道，这就要注意是否发生了什么事情，以致他们的心理发生了重大变化。

有一位评论家说：“男人在外面拈花惹草之后，回家时往往会突然对妻子滔滔不绝地说很多话。”这是很合乎规律的现象。因为一般人在深层心理有烦恼不安或恐惧等感情时，说话速度都会快得异乎寻常，以此自欺欺人，缓和不安与恐惧。但是，由于没有冷静地思考，即使说得滔滔不绝，内容却空洞无物。倘若女方是个感情细腻的人，必定可以看出他内心很不平静。

在工作场所也一样，平时沉默寡言的人如果突然话多得令人感到不自然，此人一定有了不愿他人知道的秘密。

与说话速度一样，声调是语气的特征之一——人的思想处于激动状态时，声调往往会提高。如果出轨的事被妻子知道了，男人对妻子辩解时声音一定会提高。某位作曲家曾说："要提出与对方相反的意见时，最简单的办法就是提高音量。"人们在坚持自己的意见时，都想提高声调来压制对方，而且音量也会随之增大。

声音的频率较高乃是幼儿时的特色，被认为是任性的形态。一般人随着年龄的增长，音频会越来越低，因为人的精神成长机制，具有抑制任性的心理功能。如果成年人的声音提高，此人的深层心理一定是回到幼年期，即已无法控制任性意识。在这种情况下，别人说什么他都听不进去。

如果一个人无缘无故地小声说话，这表示什么呢？一般地说，是表示他对该事物缺乏兴趣或对自己缺乏信心。如果你做生活的有心人，仔细留心他人的语速和声调，就可以轻而易举地探知他人内心的想法。

如何看穿他人的心思

在与人交往的过程中，若想成功地控制别人，你要做的第一件事就是看穿别人的心。只有这样，才能分清哪些人可以继续交往，才能摸准他们有哪些地方值得你交往，才能决定你自己应当采用什么样的办法去与他们交往。否则，你将碰一个大钉子，撞晕了都不知道撞在什么上了。

看穿别人的心，特别是看穿初次相识的陌生人的心，说难也不难。再高明的人，也会在不知不觉中把内心世界暴露出来，只不过暴露的程度、方式有所不同罢了。因此，你应当学会利用眼睛和大脑，通过观察、分析形形色色的表象，抓住问题的实质。

下面，介绍几种在第一次见面时如何看穿别人心灵的方法。

（1）从他打招呼的方式看他的内心。即使是看似简单的打招呼，也能给你制造了解对方内心的机会。你可以看看，以下列举的外在表现与所分析的内心世界是否一致。

凡是不敢抬头仰视对方的人，大部分是怀有自卑感的人。

使劲与对方握手的人，具有主动的性格和信心。

握手时，无力地握住对方的手，表示有气无力，是性格脆弱的人。

握手时，手掌心冒汗的人，大多数是由于情绪激动，内心失去平衡。

握手时，如果目不转睛地注视着对方，其目的要使对方在心理上屈居下风。

初次见面后，始终用老套的话向人打招呼或问候的人，具有自我防卫的心理。

（2）从他的眼睛窥视他的心灵。

初次见面时，首先将视线朝左右瞄射者，表示他已占据优势。

有些人一旦被别人注视，会忽然将视线躲开。这些人都怀有自卑感，或有相形见绌的感受。

抬起眼皮仰视对方的人，无疑是怀有尊敬或信赖对方的意思。

将视线落下来看着对方，表示他有意对对方保持自己的威严。

无法将视线集中于对方身上，很快收回视线的人，大多属于内向性格者。

视线朝左右活动得很厉害，表示他还在展开频繁地思考活动。

（3）从他的举动看他的潜台词。

交臂的姿势表示保护自己，这种动作也表示要随时反击。

举手敲自己的脑袋，或用手摸着头顶，即表示正在思考。

用双手支撑着下颌，大多数情况都表示正在茫然的思考中。

用拳头击手掌，或者把手指折曲得咔咔作响，表示要威吓对方。

（4）从他的癖习看他的特性。

搔弄头发的癖习，是一种神经质的表现。凡是涉及有关自己的事情时，他们马上会显得特别敏感。

一面说话，一面拉着头发的女性，大体上是很任性的女人。

说话时常常用手掩住嘴巴的女人，是有意要吸引对方。

拿手托腮成癖的人，表示要掩盖自己的弱点。

不断摇晃身体，乃是焦灼的表现，这是为了解除紧张而表现出来的动作。

双足不断交叉后分开，这种癖习表示不稳定。

如何控制自己情绪

快乐能让你成为情绪的主人

很多人在生活中漂流，常常被情势所困，任暴风雨摆布，让外在的事情任意支配自己的感觉与反应：就像驯服的奴隶一般，当事情或环境发出信号——“生气”“不舒服”“沮丧烦恼”时，就迅速听从命令。要看清一点，不论环境和情势如何，我们都可以选择快乐。

养成快乐的习惯，你就可以成为情绪的主人而不会成为奴隶。

心情越好，人们越能感受到自我的价值。越成熟，人们就越乐于付出。当父母们看到孩子健康活泼并享受着自己的乐趣时，他们也会变得更加心情舒畅，更加乐意继续追求自己的快乐。

快乐能够在很多方面满足我们的需要。任何形式的快乐都可以为我们消愁解闷，使我们免受焦虑和不安的烦恼，解除神经质的负担。

快乐的儿童是友善的，快乐的成人也是如此。当人们愉快相处时，彼此会变得更加友善。因此，解决神经紧张的最好方法就是聚集在一起做有趣的事情。只要我们能享受自己的快乐，危害人际关系的神经质倾向就会离我们远去。

我们给予自己和他人的任何一点快乐都极大地保护了我们的心情，并把我们推向更好的位置。

培养每天享受一点快乐的习惯看似无助于提高自我认识，但这些支离破碎的感觉一天天增加，很快就能垒起自信的高山。

没有什么能比快乐更具振作自我认识的力量，它是健康情绪的心理维生素。

学会做情绪的主人

情绪是内心深处的思想情感，但往往会被外界的事务所控制，并随之摇摆不定。如果你能够驾驭情绪，你未来的人生就会是一片美好的前程。

人人都有不易控制自己情绪的弱点，但人并非注定要成为情绪的奴隶。学会清除破坏我们舒适、幸福的生活和阻碍我们成功地情绪敌人，是一门最精深的艺术。

我们应当尽力抹掉头脑里一切令人讨厌的、不健康的情绪。每天清晨起来，都应该是一个全新的人。我们应当从思想长廊里抹去一切混乱印象，取而代之的是和谐、使人振奋、清心怡神的东西。

人不应该成为心态的牺牲品，更不应该成为情绪的奴隶。当感到沮丧、气馁或绝望时，不妨痛快淋漓地洗个澡，然后静静地思索、顿悟，驱散萦绕在你头脑里的忧郁阴云。你必须忽略一切令你沮丧的想法和念头，还有一切困扰你的东西。不要使自己纠缠于每一件令人不快的事，不要继续纠缠于过去所犯的错误和令人不快的往昔。你应该武装起来反对破坏你平和心态、破坏你安宁幸福的敌人，召集体内的一切力量，把这些敌人驱逐出去。你要在心中默默告诫自己："和谐才是永恒的真理。混乱并非真实，必须进行调整、改造。"经过几次实验，你便能轻而易举地清除头脑里的所有阴云，使心灵永远是一片晴空，使思想王国不再有破坏幸福安宁的敌人。做到这一点，你就成为情绪的主人。

转移注意力，也是抚平烦躁、根治不安情绪的一剂良药。当你觉得不快情绪涌上心头时，不妨将注意力转移到与这种情绪完全相反的方面上，并树立快乐、自信、感激和善待他人的理念。你会惊奇地看到，那些阻碍你前行脚步并使你的人生痛苦不堪的万恶敌人，转眼之间便无影无踪了。正如打开窗帘射进阳光以后黑暗就消失一样，我们并没有直接把困扰我们的心灵乌云驱逐出去，但有了一股根治它的良药，引进了一缕可以迅即减轻黑暗程度的阳光。

你感到疲惫不堪，感到沮丧、郁闷，之所以会出现这种情况，主要是因为精力不支；之所以精力不支，或者是由于工作过量、暴饮暴食，或者是由于某种不合常规的习惯在作祟。

你应该尽可能地融入社会环境中，或者从事某一项能使你开怀大笑、其乐陶陶而又无害的娱乐活动。有的人通过与孩子嬉戏找到新感觉，摆脱了疲惫、沮丧的情绪；有的人则在剧院里，在愉快的谈话中，或者在阅读使人愉快、催人奋进的书籍时，从疲惫、沮丧中恢复过来。

如果你能成为驾驭情绪的主人，你未来的人生就会是一片美好的前程。

控制情绪的窍门

成功人士无不重视控制情绪，并通过控制情绪，使自己适应环境，取得成功。他们在控制情绪时有许多方法和技巧，值得我们学习。

在美国，有本书一出版马上就取得空前的轰动，这本书就是风靡西方世界的商业“圣经”——奥格·曼狄诺写的《世界上最伟大的推销员》，它向我们提供了许多控制情绪的方法。而且，这些方法已被许多人验证是非常有效的。

那么，就让我们来看一看下面引用的这段话，如果你每天反复读它，使里面阐述的观点成为你思想观念的一部分，将对你的一生大有好处。

今天我要学会控制情绪。

潮起潮落，冬去春来，夏末秋至，日出日落，月圆月缺，雁来雁往，花开花谢，草长瓜熟，自然界万物都在循环往复的变化中，我也不例外，情绪时好时坏。

今天我要学会控制情绪。

这是大自然的玩笑，很少有人窥破天机。每天我醒来时，不再有旧日的心情。昨日的快乐变成今日的哀愁，今日的悲伤又转为明日的喜悦。我心中像有一只轮子不停地转着，由乐而悲，由悲而喜，由喜而忧。这就好比花儿的变化，今天绽开的喜悦也会变成凋谢时的绝望。但我要记住，正如今天枯败的花儿蕴藏着明天新生的种子，今天的悲伤也预示着明天的欢乐。

今天我要学会控制情绪。

我怎样才能控制情绪，以使每天卓有成效呢？除非我心平气和，否则迎来的又将是失败的一天。花草树木随着气候的变化而生长，但我为自已创造天气。我要学会用心灵弥补气候的不足。如果我为顾客带来风雨、忧郁、黑暗和悲观，他们也会报之以风雨、忧郁、黑暗和悲观，而他们什么也不会买。相反，如果我为顾客献上欢乐、喜悦、光明和笑声，他们也会报之以欢乐、喜悦、光明和笑声，我就能获得销售上的丰收，赚取成仓的金币。

今天我要学会控制情绪。

我怎样才能控制情绪，让每天充满幸福和欢乐？我要学会这个千古秘诀：弱者任思绪控制行为，强者让行为控制思绪。每天醒来，当我被悲伤、自怜、失败的情绪包围时，我就这样与之对抗：

沮丧时，我引吭高歌；

悲伤时，我开怀大笑；

病痛时，我加倍工作；

恐惧时，我勇往直前；

自卑时，我换上新装；

不安时，我提高嗓音；

穷困潦倒时，我展望未来的财富；

力不从心时，我回想过去的成功；

自轻自贱时，我想想自己的目标。

总之，今天我学会控制自己的情绪。

从今往后，我明白了，只有低能者才会江郎才尽，我并非低能者，我必须不断对抗那些企图摧垮我的力量。失望和悲伤一眼就会被识破，而其他许多敌人是不易察觉的。他们往往面带微笑，招手而来，却随时可能将我摧毁。对它们，我永远不能放松警惕。

自高自大时，我要追寻失败的记忆。

纵情享受时，我要记起挨饿的日子。

扬扬得意时，不要忘了那忍辱的时刻。

自以为是时，看看自己是否能让风止步。

腰缠万贯时，想想那些食不果腹的人。

骄傲自满时，要想到自己怯懦的时候。

不可一世时，要抬起头来，仰望群星。

今天我要学会控制情绪。

有了这项新本领，我也更能体察别人的情绪变化。我宽容怒气冲冲的人，因为他尚未懂得控制自己的情绪。我可以忍受他的指责与辱骂，因为我知道明天他会改变，重新变得随和。我不再只凭一面之交来判断一个人，也不再因一时的怨恨与人绝交。今天不肯花一分钱购买金篷马车的人，明天也许会用全部家当换取一棵树苗。知道了这个秘密，我可以获得极大的财富。

今天我要学会控制情绪。

我从此领会了人类情绪变化的奥秘。对于自己千变万化的个性，我不再听之任之。我知道，只有积极主动地控制情绪，才能掌握自己的命运。

我控制自己的命运，而我的命运就是成为世界上最伟大的推销员！

我成为自己的主人。

我由此而变得伟大。

只要你真正按照上面的原则来思考和行事，你一定能在通向成功的路上取得意外的收获。

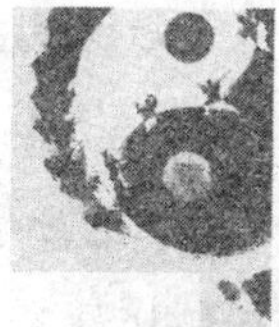

第五卷

自己拯救自己

原著［英］塞缪尔·斯迈尔斯

关于本书

塞缪尔·斯迈尔斯（1812—1904）是英国伟大的道德学家，著名的社会改革家和脍炙人口的散文随笔作家，以社会道德和人生职责方面深刻的思想被誉为“西方成功学之父”“卡耐基的精神导师”。他毕生关注中下层公民的生存状态，倡导政治改革，并通过演讲、写作给予人们精神上的帮助。

《自己拯救自己》写成于1856年，是作者第一本宣扬自助思想的专著。它教导人们培养一种自主精神，通过自我奋斗来改变命运。此书自1871年问世以来，便在社会上引起强烈反响，世界上许多国家每年不断重印，在全球畅销130多年而不衰。据1996年日本民意调查表明，该书是对日本国民的命运影响最大的一本书。

本书塑造了亿万人民的高贵品行，被誉为“文明素养的经典手册”“人格修炼的圣经”。

自立者天助

自立是打开成功之门的钥匙

人需自立，锻炼意志和力量，需要自助自立精神，而非靠来自他人的影响力，更不能依赖他人。依靠他人，觉得总是会有人为我们做任何事，所以不必努力，这种想法对发挥自立精神是致命的障碍。只有抛弃拐杖，破釜沉舟，依靠自己，才能赢得最后的胜利。

自立是打开成功之门的钥匙，自立也是力量的源泉。一旦你不再需要别人的援助，自强自立起来，你就踏上了成功之路。一旦你抛弃所有外来的帮助，你就会发挥出过去从未意识到的力量。

世上没有比自立更有价值的东西了。如果你试图不断从别人那里获得帮助，你就难以保有自立。如果你决定依靠自己，独立自主，你就会变得日益坚强。你有时候会觉得外部的帮助是一种幸运。但从不利的方面看，外部的帮助常常又是祸根，给你钱的人并不是你最好的朋友。

有很多残疾人，只有一条腿一只手，却能自食其力。而你作为一个身体健全、能够工作的人还要指望别人的帮助，这简直荒谬透顶。通常，为别人工作是无法发挥一个人的所有潜力的。因为没有动力，没有雄心壮志，没有热情，不管他责任心有多强，都难以激发出上帝所赋予的所有潜在能力。人身上最可贵的品质就是独立自强，而为人作嫁衣时，这些品质是难以充分展现的。我们不靠天，也不靠地，我们靠自己。

许多人之所以一生碌碌无为，原因是有一个通病，就是认为自己没有特殊的才能，认为自己不过是平庸的人，因此就甘于平凡，不再努力，不再追求。就一味地依赖他人，听从他人的安排。实际上，在我们没有付出努力之前，在我们的事业没有成功之前，任何人都不会明白自己究竟是什么样的人，究竟能成就什么样的事业，究竟有多大的潜能。

自立是成功之门的钥匙。一个人什么都可以没有，但不能没有自立的精神。任何一个人都具有连自己也不敢相信的洞察能力和智慧，自立是帮助你开启能力和智慧的钥匙。一旦你走进这个大门，就会发现，你原来有那么大的能量，你原来有着与那些杰出人士一样的机会，你也可以成为一个杰出的人。

当你相信自己是个不凡的人，相信自己是个可以自立的人，相信自己是个无须依赖他人的人时，你就会变得自信自强，成功的大门也会在你的面前敞开。

用双手撑起蓝天

一般的人如果在某一方面缺少特殊的才能，就会变得不想再努力，以为努力也不会有成果。许多成功的人却不是这样，他们最初与常人没什么两样，也没有特殊能力和机遇，却有高过一般人的自立精神和生活愿望，而且可以把这些作为奋斗的支柱，因此获得了最后的成功。

想要知道自己的身体里究竟有多少才能与力量，一定要通过亲身实践来检验。同势力、资本及亲戚朋友的扶持相比，自立精神最为重要，它对人的成就有不可思议的力量。

很多人都知道一句名言：自立者天助。每个人都可以实现自立自助的独立生活。可在现实中，只有少数人能够真正如此。当然，依赖他人，追随他人，什么事都靠别人去思考、去策划、去完成，当然要比自己去想、去策划、去工作容易得多，也惬意得多。然而，一个人如果有了依赖想法，他就会丧失勤勉努力的精神。

有很多父母总想给子女创造最优越的条件，为了不让他们奋斗得过于艰辛，就处处翼护着他们，使他们免受一丝一毫的委屈。殊不知，这种做法已经毁掉了孩子的前程。父母的做法看似在给孩子开辟出路，实质是给他设置障碍。当他失去了自立自助的能力时，他就会在依赖中苟且生存。

能充分发展我们智力与体力的，绝不会是外援和依赖，而是自立自助。世界上能够获得成功的人，都是摆脱了依赖，抛弃了拐杖，具有自信、能够自立的人。对一个人来说，进入成功之门的钥匙唯有自立自助，这种品质正是获得胜利的前提。

一个身体健全的人如果总是依赖他人，慢慢地就会感到自己不是一个完整的人。一个人只有在能够自立自助的时候，才会感到自由自在，无比幸福。

许多人之所以会无所作为，就是因为他们贪图安乐，缺乏自信，不敢照着自己的意志去行动。他们凡事都必须得到他人的同意认可才敢做出决定，这样的人永远只是生活的奴隶。

用双手撑起蓝天的人，才是天地间真正的巨人。

自助者，天恒助之

"自助者，天恒助之。"这是一条屡试不爽的格言。自立精神是个人发展与进步的动力和根源，它体现在众多的生活领域，是国家形成的根源。外在的帮助只会使受助者走向衰弱，而自强自立则会使自救者兴旺发达。

对于能够自立自助的人来说，贫穷非但不会变成痛苦和不幸，而且通过吃苦耐劳、坚忍不拔的自立实干，还会使它转化成为幸福；贫穷能够唤起自立者奋发向上的激情，以及为理想勇敢战斗的拼搏精神。

自力更生和自己战胜自己将教会一个人从自身力量的源泉中吸取

动力，从自己的力量中品尝到甜蜜的味道，学会正确地劳动以供养自己和家人，并扩展属于自己的美好事物。

自立的精神是一个民族力量的真正源泉。最穷苦的人也有登上顶峰的时候，在他们走向成功的道路上没有根本不可战胜的困难。

成功的大门时刻为那些吃苦耐劳的人敞开着。

早年遭遇人生的艰难和不利于自己的困境可以成为一个人走向成功的有利条件，因为这样的环境可以教会人怎样自立。

请相信：无论何时何地，你都是自己最大的救星。

恒心与毅力

有恒心和毅力才能取得胜利

一些伟大的作家之所以能够成名，都是由于他们的坚忍不拔。他们的作品并不是凭借着天才的灵感一蹴而就的，他们往往是经过精心细致的雕琢和反反复复的修改，直到最后把一切不完美的痕迹都除掉，人们才领略到艺术的高贵典雅。

古罗马的大诗人维吉尔的传世之作《埃涅阿斯纪》是用了21年才完成的。俄国大文豪列夫·托尔斯泰的作品《安娜·卡列尼娜》是用了整整8年反复构思、反复修改，最终才把一部关于家庭私生活的小说改编成一部具有鲜明时代特征的社会小说的。亚当·斯密写作《国富论》用了10年，孟德斯鸠写作《论法的精神》用了25年。透过这些伟大的作品，我们的确可以体会到作家的艰苦劳动。他们为了完成一部作品，往往要花费几年甚至几十年的心血。如果没有坚强的恒心与毅力，是不可能做到这一点的。

在人类智慧发展的历史中，几乎没有任何一个诗人、艺术家、哲学家或科学家的天才没有被他们的父母或老师反对过。在这些例子中，那些天才都是靠着顽强的毅力，克服了重重干扰才获得胜利。

因为人类有了恒心和毅力，才有了埃及平原上宏伟的金字塔，才有了耶路撒冷巍峨的庙堂；因为人类有了恒心与毅力，才有机会登上气候恶劣、云雾缭绕的珠穆朗玛峰，在宽阔无边的大西洋上开辟了航道；因为人类有了恒心和毅力，人类才夷平了新大陆的各种障碍，建立起人类居住的共同体。恒心与毅力让天才在大理石上刻下精美的创作，在画布上留下大自然恢宏的缩影。恒心与毅力创造了纺锤，发明了飞梭；恒心与毅力使汽车变成了人类胯下的战马，装载着货物翻山越岭，在天南地北往来穿梭；恒心与毅力让白帆撒满了海上，使海洋向无数民族开放，每一片水域都有了水手的身影，每一座荒岛都有了探险者的足迹。

凡事不能持之以恒，正是很多人最后失败的根源。一切领域中所有的重大成就无不与坚忍不拔的毅力有关。从某种意义上说，成功更多依赖的是人的恒心与毅力，而不是天赋与才华。英国外交官布尔沃说：“恒心与毅力是征服者的灵魂，它是人类反抗命运、个人反抗世界、灵魂反抗物质的最有力的支持，它也是福音书的精髓。”

才华固然是我们渴望的，但恒心与毅力更能让我们感动。

毅力可以助你完成一生的追求

美国麻省理工学院进行过一个有趣的实验。实验者用铁圈将一个小南瓜整个箍住，观察当南瓜逐渐长大时，对这个铁圈产生的压力有多大。

最初他们估计南瓜最大能够承受大约 500 磅（226 千克）的压力。当研究结束时，整个南瓜承受了超过 5000 磅（2260 千克）的压力后才使瓜皮破裂。他们打开南瓜，发现中间充满了坚韧牢固的层层纤维。为了要吸收充分的养分，以便于突破限制它成长的铁圈，它的根部延展范围令人吃惊，所有的根往不同的方向全方位地伸展，最后这株南瓜独自控制了整个花园的土壤与资源。

假如南瓜能够承受如此庞大的外力，人类在相同的环境下又能承受多少压力？只要敢于在充满荆棘的道路上奋进，大多数人都能承受超过我们预想的压力。桑德斯上校是“肯德基炸鸡”连锁店的创办人，他 65 岁时才开始创业。当时，他身无分文且孑然一身。当他拿到生平第一张救济金支票时，金额只有 105 美元，内心实在是极度沮丧。他不怪这个社会，也未写信去骂国会，而是心平气和地自问："到底我对人们能做出何种贡献呢？我有什么可以回馈的呢？"随之，他便思量起自己的所有，试图找出可为之处。

头一个浮上他心头的便是："我还拥有一份人人都会喜欢的炸鸡秘方，不知道餐馆要不要？"随即他又想到："卖掉这份秘方所赚的钱还不够我付房租！如果餐馆生意因此提升的话，那又该如何呢？如果上门的顾客增加，且指名要点炸鸡，或许餐馆会让我从中抽取提成也说不定。"这样想着，他便去挨家挨户地敲门，把想法告诉每家餐馆："我有一份上好的炸鸡秘方，如果你能采用，相信生意一定能够提升，而我希望能从增加的营业额里抽取提成。"

很多人都当面嘲笑他："若是有这么好的秘方，你干吗还穿得这么狼狈？"这些话丝毫没有让桑德斯上校打退堂鼓，因为他还拥有天字第一号的成功秘诀，我们称其为"能力法则"，意思是指"不懈地拿出行动"：在你每做一件事时，必得从其中好好学习，找出下次能做好的更好方法。桑德斯上校确实奉行了这条法则，从不为前一家餐馆的拒绝而懊恼，反倒用心修正说辞，以更有效的方法去说服下一家餐馆。

桑德斯上校的点子最终被接受，但你知道他之前被拒绝了多少次吗？整整 1009 次，直到 1010 次他才听到第一声"同意"。在过去两年里，他驾着那辆又旧又破的老爷车，足迹遍及美国每一个角落。困了就和衣睡在后座，醒来逢人便诉说他那些点子。他为人示范所炸的鸡肉，经常就是果腹的餐点。历经 1009 次的拒绝，整整两年，有多少人还能锲而不舍地继续下去呢？真是少之又少，也无怪乎世上只有一位桑德斯上校。我们相信很难有几个人能受得了 20 次拒绝，更别论 100 次或 1000 次的拒绝，这也正是没有成功的原因所在。

如果你好好审视历史上成大功、立大业的人物，就会发现他们都有一个共同的特点，不轻易为"拒绝"所打败而退却，不达成他们的理想、目标、心愿，就绝不罢休。华特·迪斯尼为了实现建立“地球上最欢乐之地”的美梦，四处向银行融资，可是曾被拒绝302次。今天，每年有上100万游客享受到“迪斯尼欢乐”，这全都出于一个人的决心。多方努力去尝试，凭毅力去追求所企望的目标，最终必然会得到自己所要的。千万别在中途便放弃希望。这句话说来简单，但要贯彻到行动中却并不容易。从今天起就拿出必要的行动吧，哪怕只是小小的一步。相信自己，凭着你的决心和毅力，终究有一天会积少成多，由小成绩到大成就的。到那时，你会发现：原来自己是如此坚强。

力量与勇气

每个人都拥有巨大的力量

公元前1世纪，罗马的恺撒大帝统领他的军队抵达英格兰后，下定了决不退却的决心。为了使士兵们知道他的决心，恺撒当着士兵们的面，将所有运载的船只全部焚毁。不给自己的军队留退路，最终他的军队取得战斗的胜利。

现在有很多人在开始做事时往往给自己留一条后路，这样怎么能成就伟大的事业呢?

破釜沉舟的军队，才能决战制胜。同样，一个人无论做什么事，务必抱着绝无退路的决心，勇往直前，遇到任何困难、障碍都不能后退。如果立志不坚，时时准备知难而退，绝不会有成功的一日。

一生的成败，全系于意志力的强弱。具有坚强意志力的人，就会拥有巨大的力量。无论他们遇到什么艰难险阻，都能克服困难、消除障碍。但意志薄弱的人，一遇到挫折，便想着退缩，最终必将归于失败。

一个人有了决心，方能克服种种艰难，去获得胜利，这样才能得到人们的敬仰。有决心的人，必定是最终的胜利者。只有有决心，才能增强信心，才能充分发挥才智，从而在事业上做出伟大的成就。

对很多人来说，犹豫不决的痼疾已经病入膏肓，这些人无论做什么事，总是留着一条退路，绝无破釜沉舟的勇气。他们不知道如果把全部心思贯注于目标是可以生出一种坚强的自信的，这种自信能够破除犹豫不决的恶习，把因循守旧、苟且偷生等有碍成功的意念，统统清除干净。

当机立断的人，遇到事情就会迅速做出决策。而优柔寡断的人，进行决策时，总是逢人就要商量，即便再三考虑也难以决断，这样终至一无所成。

如果你养成了决策以后持之以恒、不再更改的习惯，做决策时就会运用自己最佳的判断力。但如果你的决策不过是个实验，你还不认为它就是最后的决断，这样就容易使你有重复考虑的余地，就不会产生成功的决策。

斯迈尔斯说："每个人都生来具有强大的力量。人与人之间，弱者与强者之间，大人物与小人物之间最大的差异就在于他们对自身力量的发挥和利用。一个目标一旦确立，通过奋斗是可以取得成功的。在追求有价值的目标中，坚忍不拔的意志力才是一切真正伟大品格的基础。"

勇气是力量的助推器

每个人都有巨大的力量，但它只有在勇气的推动下才能发挥出来，否则它将沉睡终生。

乔很爱音乐，尤其是喜欢小提琴，在国内学习一段时间后，觉得国内的知识已经学习得差不多了，再学习下去也不会有什么进步。于是他把视线转到国外，但国外没一个认识的人，到了那里怎么生存呀？为了自己的音乐之梦，他勇敢地踏出国门。威尼斯是他的目的地，因为那里是音乐的故乡。这次出国的费用，家里虽然辛辛苦苦地凑了出来，但学费与生活费是如何也拿不出来。他虽然来到了音乐之都，却只能站在大学的门外。他必须先到街头上拉琴卖艺来赚够学费与生活费。人生地不熟，他却必须开始面对生活了。

乔在一家大型商场附近找到一位为人不错的琴手，他们一起在那里拉琴。这个地理位置比较优越，他们挣到很多钱。

但是，这些钱并没有让乔忘记自己的梦想。过了一段时日，乔赚够了生活费与学费，就和那个琴手道别了。他要学习，要进入大学进修，要在音乐学府里拜师学艺，要和琴技高超的同学们互相切磋，将来要登上国家音乐厅的舞台献艺。乔将全部时间和精神投注在提升音乐素养和琴艺之中……

10年后，乔有一次路过那家大型的商场，巧得很，他的老朋友——那个当初和他一起拉琴的琴手，仍在那儿拉琴，而他的表情一如往昔，脸上露着得意、满足与陶醉。

那个人也发现了乔，很高兴地停下拉琴的手，热情地说道："兄弟，好久没见啦！你现在在哪里拉琴啊？"

乔回答了一个很有名的音乐厅的名字，那个琴手疑惑地问道："那里也让流浪艺人拉琴吗？"

乔没有说什么，只淡淡地笑着点了点头。

其实，10年后的乔早已不是当年那个当街献艺的乔了，他已经是一位世界知名的音乐家，他经常应邀在著名的音乐厅中登台献艺，早就实现了自己的梦想。

我们的才华、我们的潜力、我们的前程，如果没有胆量的推动，很可能只是一场镜花水月，当大梦醒来，一切都迟了。

人，必须鼓起勇气，不断学习，才能攀登上生命的高峰。

勇气助你走上成功的金字塔

勇气可以点亮你成功之路的导航灯。戴尔计算机公司的创始人迈克尔·戴尔就是凭借自己的勇气一步步走向成功的。

戴尔在上大学期间原本修的课程是医科，1984年，他在奥斯汀的得克萨斯大学钻研医学，但他对医学并不感兴趣，虽然当个医生在社会上是很有头面又赚钱的职业，可他想做的却是摆弄计算机。而计算机在当时虽然有人在做，但整个计算机行业还没有打开局面。但这并不能阻止戴尔对计算机的热爱，他勇敢地迈出自己的第一步，自己做了点小生意，帮人把计算机升级换代。他的决定是正确的，虽说是个小生意，但这个副业却每月都能给他带来5万美元的收入。在计算机上他是个天才，在经商上他也很有头脑。他做了与比尔·盖茨同样的决定——退学。这个决定也同样与比尔·盖茨的决定一样的英明，他创建了自己的公司——戴尔计算机公司。

当年在宿舍房间起步的小公司，现在已成为美国最大的个人计算机销售公司，每年的总销售额达到上100亿美元，令IBM和康柏相形见绌。

勇气真是个神奇的东西，比尔·盖茨的勇气使他戴上了世界首富的王冠，迈克尔·戴尔的勇气让他在世界500强中占了一席之地。

杰克·韦尔奇在来中国时，遇到新浪网友提的一个问题："如果回到30岁，没有什么事业，在现在的经济环境中，您还有取得今天成绩的勇气吗？"

韦尔奇的回答是："你能够让我回到30岁吗？如果说你是30岁，做些一成不变的工作，就太遗憾了。放手去试试吧，去冒险吧，去做新的事情吧，去别的国家吧，要有勇气。勇气是一个巨大的礼物，不要浪费它。"

在勇气的天空下，没有办不成的事情。只要你拥有勇气，它便可以助你登上成功的金字塔顶。

如何培养力量与勇气

力量与勇气是每个人都具有的能力，没有天生缺乏意志的人，同样也没有天生的懦夫。意志不坚强及懦弱的性格都是后天环境造成的。因此，力量与勇气是可以通过自己的努力培养出来的。那么，该如何培养出力量与勇气呢？

假若你时常会花时间去担心某件事的话，何不作建设性的担心呢？先将你最希望的结果规划出来并清楚地开始用"假若"向自己提问。"假若最希望的结果实现了，我会怎样？"其次，提醒你自己，无论如何这是可能发生的事，只要你坚信不疑，并付诸努力。

将这个希望的结果想成一种明显的可能后，就可以开始想象这种希望的结果。把这些精神画面仔细察看，并且将每个细节都详加描绘，把它们一再放映给自己看。当你的想象更详细，又一再重复放映时，与这些想象画面有关的感觉便出现了，正如这种希望的结果已经实现了一样。之后，力量与勇气便会主动承担起完成你既定目标的责任。

勤奋与天赋

勤奋造就天才

美国媒体大亨泰德·特纳经常引用老师约舒亚·雷诺德对他的劝告："那些想要超过别人的人，每时每刻都必须努力，不管愿不愿意。他们会发现自己没有娱乐，只有艰苦的工作。"确实是艰苦的工作，但是对特纳而言是他喜欢的事情，并且为他带来丰厚的回报。

研究一下一些伟大作品的"初稿"是件很有意思的事，从杰斐逊起草的《独立宣言》到朗费罗写成的《生命之歌》，没有哪部作品在最终完稿前不是经过不断修改和润色的。拜伦的《成吉思汗》写了100多遍，因为拜伦一直都感到不满意。

坐等什么事情发生，就好像等着月光变成银子一样渺茫。希望宇宙中发生奇迹，能够取代自然法则的作用，那是不可实现的妄想。这些想法往往是懒惰者的借口，是缺乏长远规划者的托词。

美国政治家亚历山大·汉密尔顿说："有时候人们觉得我的成功是因为自己的天赋，但据我所知，所谓的天赋不过就是努力工作而已。"

美国政治家丹尼尔·韦伯斯特在70岁生日时谈起成功的秘诀说："努力工作使我取得现在的成就。在我一生中，从来还没有哪一天不在勤奋地工作。"

所以，勤奋地工作被称为"使成功降临到个人身上的信使"。

如果你觉得自己是个天才，如果你觉得"一切都会顺理成章地得到”，那可真是太不幸了。你应该尽快放弃这种想法，只有勤奋的工作才会使你获得自己希望得到的东西。在有助于成功的所有因素中，勤奋地工作总是最有效的。

这个世界上留存下来的辉煌业绩和杰出成就无一例外都是来自勤奋的工作，不管是文学作品还是艺术作品，不管是诗人还是艺术家。

很多传统说法中包含了永恒的智慧。从早到晚，不管阴天还是晴天，也不管我们身体如何——可能会牙疼、头疼或者心脏出现毛病——我们每天都必须到达指定的地方，并开始做安排给我们的工作。只有在坚持干上 8～10 个小时后，休息才显得格外甜美惬意。无论在哪里，账本上的数字必须精确无误；无论在哪个仓库，货物的数量必须和清单上列出的一致；无论何时，对孩子、对顾客和对邻居们的态度必须和蔼可亲。简而言之，不管做什么事情，都是因为我们付出了辛勤的劳动，承受了单调乏味、日复一日的工作，才培养起这种种的优秀品质——专心致志、毫不拖延、精益求精、坚定不移、隐忍执着、坚忍克己等，正是这些品质最终奠定了一个人成功的基石。

不是天赋是勤奋

勤能补拙是良训，一分辛苦一分才。伟大的成功和辛勤的劳动是成正比的，有一分劳动就有一分收获，日积月累，从少到多，奇迹就可以创造出来。

2002 年 4 月，拆分后的中国电信在数百个方案中，确定了即将启用的新标志。与此同时，北京城南的某栋建筑里，一个留着络腮胡子、身材魁梧的人，也终于长长舒了口气。这个人是谁呢？他就是陈丹，中国电信新标志的设计者。现在的陈丹，早已成功地设计了多家名牌企业的标志，在业内也拥有了自己的名声。但当初刚来北京创业之时，他的全部家当只有一辆自行车和一个装满资料和作品的大背包。带着这些东西的他在北京的街头、地铁里向周围的人介绍自己是干什么的，他甚至拉着不相识的人去看自己的设计，希望能被对方选中。

后来，陈丹这样叙述那段经历："1997 年时，清华同方上市，股票涨得很好，我就根据'清华同方'4 个字做了几个标志，打'114'找他们，问他们有没有标志。结果知道他们正在招标，回来以后我就全力以赴，当时的想法就是一定要把它拿下来。我送了一摞方案去，后来中标了，听说他们一共收到 120 多个方案，其中有一半是我做的。那些都是我的心血。后来中标了，我感到格外开心，这件事也让我更坚信一个道理：天道酬勤，公道爱人。"

直到现在，陈丹还保留着资料、作品不离身的习惯，只是自行车换成桑塔纳、大背包变成后备厢。遇到新认识的朋友，他还是会拿出自己公司的资料，因为说不定什么时候就能拉来活儿。陈丹就是这样，时刻都不忘记自己的事业。

一份浪漫，一份热情，一份专注。陈丹和他的伙伴们就这样一起在标志设计领域摸爬滚打了 8 年，经历成功，也遭遇失败，但始终锲而不舍。

很多人认为搞设计的人，怎么着也是有几分天才的，陈丹也该有着自己的天赋。确实如此，陈丹在设计上很有一套。但是，当天才没有努力相伴，再好的天才也会浪费掉。陈丹努力了，所以他把自己的天分发挥出来，而那些空有天分而不去努力的人，只能当个有才华的失败者。

金钱与人生

金钱并非保障

人们对金钱最普遍的一种错误认识是：钱可以使他们快乐。斯迈尔斯指出，金钱聚积过多，不仅不会带来快乐，反而会成为仇恨、纷争等烦恼的根源。

在现实生活中，有许多人通过努力工作、继承遗产、运气或不合法的手段得到大笔钱。然而，或是因为不满足，或因钱而导致朋友的纷争、感情的背离，或因为钱已够多而失去了目标。总之，他们都没有得到快乐。许多有钱人拥有一切物质上的享受，却过着自暴自弃的生活。

斯迈尔斯指出："不管人们处于何种地位，钱都是生存必需品，钱也是增进休闲方式、提高生活品质的一种途径。不幸的是，人们都被贪婪蒙住了眼睛，把钱视为生活的目的，而不是改善生活的手段。把金钱本身当成了目的，人们就会陷入失望和不满，并且永远无法达到提升生活品质的目标。"

对钱的另外一种误解是，人们把钱看作生活的保障和建立安全感的基础。如此，便会使我们失去一心一意地积蓄物质财富的耐心。如果你开始把钱看成完全的保障，你的生活便会出现问题。人所能拥有的真正保障应该是内在的保障，这种内在的保障来源于天赋、创造力、才能、健康的体魄等内在因素。你应该相信你能够运用自身的条件，去应付或克服作为一个独立的人所要面对的一切问题和困难。

你一旦拥有了这种内在的实际的保障，你就不会有那么多惶恐和害怕，也不会将时间和精力专注于给自己建立外在的财务上的保障。最好的财务保障就是内在的创造能力，这种保障任何人都夺不去，你永远都能想办法谋生。你的本质是建立在你本身是什么人，拥有怎样的精神状态之上，而不是你拥有的外在的物质上。你即使失去了所拥有的，你也还是自己生活的中心，这使你能保持健康明朗的生活过程。

将个人的安全感建立在金钱上，无异于修建空中楼阁。情感上缺乏保障的人以积累大量的金钱来抵御人格上所受的打击，填补空洞脆弱的内心，宣泄不愉快的感觉，这是无法达到目的的。追求外在保障的人内心极为缺乏安全感，试图通过外部的事物，比如金钱、配偶、房屋、车子和名声，来求得心理上的安稳和平衡。他们一旦失去了自己拥有的金钱财富，就失去了自己，因为他们的安全感以及对自己的认同感，完全是以金钱为基础的。

以物质和金钱为基本保障有很多褊狭之处，就算你是超级富翁，也可能遇车祸身亡。有钱人的健康状况和没钱人一样会逐渐衰败，战争爆发影响穷人，也影响富人。以钱为保障的人还得时刻担心金融崩溃时他们会失去所有的钱财，他们不仅没得到什么确实的保障，反而增加了许多恐慌的事。

钱和快乐到底有什么关系呢？钱是生存的重要因素，但这并不代表只有有很多钱才能快乐。为这个社会主流所认同的那些成功人士，总是时时刻刻在宣扬，百万富翁才是生活的胜利者。也就是说，其他人都是失败者。但很多事实证明，大部分财力平平的人比我们在报纸上读到的百万富翁更有资格当胜利者。

斯迈尔斯指出，钱是生活中的权宜办法，能对提高生活品质起到多少作用，要看我们如何聪明地运用手上的钱，而不是看我们到底有多少钱。

不为金钱赌明天

正因为生活离不开金钱，许多人便强烈地追求它，甚至为了金钱不惜把自己的明天也赌上，对于这样一种不负责的、带有赌博性质的致富行为是要不得的。

挣钱不是赌博，不能不管三七二十一，孤注一掷，即使赢了也不见得是好事，输了更是一塌糊涂。做生意也不是找金矿，金矿找到了自然致富，可天底下有多少人找到了金矿呢？世上只有持久的生意，没有持久的暴利。与其求横财，不如细水长流，积少成多。老老实实做生意，天天有薄利，日久天长，最终也可以成为商界巨子的。

一些大起大落的大企业的成功在于选择了许多投资机会，所以得以发展；失败则在于其投机心理太强，以孤注一掷的方法要么大富，要么就自杀般地大败。

财雄势大的企业尚且如此，作为本钱小、承受风险能力弱的个人来说，更是要量力而行。绝不能像赌博一样，把成败押注在一个项目上，不成功便成仁，那样就会背负太大的风险。投资做生意，一定要先考虑本身的财政情况，不要盲目地追求高回报的投资项目，因为风险是隐藏在利润背后的，随时都会跳出来逞凶。如果缺乏足够的启动和周转资金，就会像被人掐着脖子一样，喘不过气来。

许多暴发户赚了钱，但他们的行为不值得学习与效仿。有的暴发户靠不择手段捞钱，有的暴发户靠打法律的擦边球发财，有的靠蒙骗顾客和客户而致富。这样赚的钱不仅不光彩，而且也非常危险。老钻法律的空子是多么危险的事，弄得不好就要进监狱掉脑袋。骗客户也不是正道，买主在付冤枉钱时，也许是出于急需，但事后肯定永远不会光顾你的生意了。做生意不能把一个个顾客当成一个个孤立的人，而要当成整个社会。你蒙骗了一个顾客，就蒙骗了社会。你的信誉就没有了，以后的生意还怎么做呢？

认识人生的本质

2000 年来，中西哲学家对人和人生作了无数的描绘、说明，但至今没有一个统一的、公认的关于“什么是人生”的概括定义，说明“人生是什么”成了千古之谜。我们并不奢望说出一个人人都赞成的一劳永逸的人生定义，但我们认为每个希望自觉把握人生的人，必须有一个对人生是什么的正确认识，从而指导自己的人生行为。

人这个小宇宙同大宇宙一样，是可以认识的，并不是一个深不可测的神秘之物。问题在于我们是否能以实事求是的态度和方法对待人生。这就是说，要从人生的现实生存状态中寻求人生的本质，回答人生是什么。

人有着大体与动物相同的生理活动，需要有一定的外部环境和物质条件。但是，人毕竟与一般动物不同，不能脱离社会而单独存在。人作为社会动物，虽然不能完全摆脱动物性需要的方面，生理活动也要受生理法则支配，但由于人在社会生活中能够自觉地、有目的地控制自然和改造自然，控制生理和调节生理，因此也使生理活动自然实现了社会化改造。这种改变之大，使动物和人类之间有一条明显的鸿沟。

人类不是通过简单的刺激——反应来适应环境，求得生存，而是用自己的智力和体力去改造环境，创造物质财富和精神财富，主动地生存和发展，在社会实践中，不断发展自我、完善自我。

人的生存和发展决不能脱离社会生活，不能脱离一定的社会环境及其历史进程。人类社会历史是按照生产力和生产关系辩证发展的规律以及其他社会发展规律向前发展的。因此，人生不能离开社会历史的制约，而实现绝对的自我。从这个意义上说，任何个人都是按照一定规律运作的历史机器上的一个齿轮、一个螺丝钉；任何一个人的生活过程，都不过是在社会历史所提供的舞台上进行的有限活动罢了，而不可能相反，从自己的头脑里去创造、外化社会历史。

对待人生，不但要肯定人生必然受制于社会历史条件，而且应该看到由历史规律所左右的社会历史条件下，人能够发挥主观能动性，事先按照理想的目标，安排自己的行为，改造自己的生活环境，从而实现自己的人生价值。以生产劳动为核心的人类活动，不仅在人类产生的过程中起了决定作用，而且在人类产生后，在人的生存和发展中，也起着推动作用。劳动创造了世界，也创造了人生。所以，人生的本质是以生产劳动为核心的主动适应和创造生活的过程。

这种对人生本质的认识，肯定了劳动在人的一生中的重要地位和作用。同时，将人生归结为主动适应和创造生活的过程，因而也肯定了人生态度和人生目的对于人生的重大意义。所以，抽象出人生的本质，可以概括为，人生的本质就是以劳动实践为核心的，用科学的人生态度来追求人生目的并实现人生价值的过程。

确定人生方向

在当今时代，对多数人来讲，工作是满足生活的最根本的途径。因此，所谓人生策划，主要是对工作或者职业进行策划，不仅要满足人生的基本需求，而且要通过工作寻找人生的理想。对此，法国小说家阿尔伯特曾经说过："没有工作，生活将会腐化堕落，但假若工作没有灵魂，生活也会死气沉沉。"

很多人认为，与其把时间花在对未来的策划上，不如脚踏实地地苦干。这种想法十分偏颇，实干固然重要，但如果在实干中加入合理的策划，那么更可取得事半功倍的效果。以一艘轮船做比喻，如果实干是轮船的马达，那么策划就是轮船的路线和方向盘，照着策划前进，才可能达到我们的目标，否则就会迷失在人生的海洋之中。

许多成功人士都有明确的目标，都订出了达到目标的具体计划。他们花费了巨大的心血努力照着计划奋斗，于是获得了令常人羡慕的胜利。

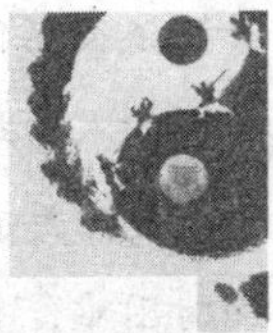

第六卷

最伟大的力量

原著［美］马丁·科尔

关于本书

《最伟大的力量》是一本激励自我的经典作品，是马丁·科尔最有名的作品之一。曾被翻译成十几种语言在许多国家和地区发行，总销量已超过5000万册。

马丁·科尔在全美享有极高的声誉，曾荣获《纽约时报》等各大报纸最畅销图书奖。他走遍美国各地，为人们去疑解惑，帮助千千万万的人勇敢地站起来面对各种挫折与失败，并想方设法帮助人们解决难题。更重要的是，他留下了《最伟大的力量》，帮助更多的人去面对困难，寻找属于自己的幸福生活。

本书将帮助你如何发现自己身体内部潜藏的最伟大的力量——选择的力量，并教你如何认识和运用这种选择的力量。

选择需要发现

发现你最伟大的力量

你有一种伟大而令人为之震惊的力量。一旦你充分且恰当地运用了这种力量，它带给你的将是自信而非胆怯，是宁静而非混杂，是处之泰然而非束手无策，是心灵的平静而非痛苦。

这种力量的存在，一旦你意识到了，并着手活用它，将会使你的整个人生得以改变，并使它演变成你所喜欢的样子。于是，一种原本满是忧伤的生活就能够变得充满欢乐，失败也将变为一种幸运。

这种伟大的力量，有多少次被我们触摸到却没有辨认出来；这种伟大的力量，有多少次被我们握在手中却又丢掉了。其原因仅仅是因为我们没有认出它，没有看到它能带给我们的各种利益，没看到它万能的、可造就的影响。它就在我们眼前，我们需要做的就是去认知它、去运用它。它就在这里，每个人都能够运用它。

这种伟大的力量到底是什么呢？对于千千万万没有认识到这种伟大力量的人而言，事情的过去、现在、未来都是一个样。这是因为，这种伟大的力量是潜伏着的、秘密的。很多人一直过着平常、困苦的生活，因为他们没有意识到自己具有一种伟大的力量，更谈不上使用它。那么，答案究竟是什么呢？那就是我们必须在生活中充分理解生活。当然，前提是我们要充分利用生活，做出正确的选择。

每个人都能运用它，并且并不需要什么特殊的训练和教育。因为它并不是一种必须具备特殊天资才能成功运用的能力，也不是一种极小部分人特有的能力。利用它，你无须任何财产或者权威。它是一种每个人与生俱来的能力，无论你贫穷也好富有也好，成功也好失败也好，你都具有这种能力。这种能力我们认识得越早，踏上正轨并坚持走下去也就越快。

很多人没有注意到，当他们来到一家鞋店时，可以选择买一双黑色的鞋，也可以选择买一双棕色的鞋；当他们来到一家服装店时，他们可以要一件浅色的外套，也可以要一件深色的外套；当他们听收音机时，他们可以把频率调到这个台，也可以调到那个台；当他们走进冰激凌店时，他们可以吃一个巧克力脆皮，也可以喝一杯凤梨汁；当他们想看电影时，他们可以选择去附近的一家电影院，也可以选择去闹市中心的电影院。是的，只要你做出某一选择，其结果就确实是这样。换言之，选择的力量，即是一个人所具有的最伟大的力量。

从容面对人生的选择

面对人生，就让我们以闲看云卷云舒、花开花落的心境，从容地选择，选择一种气度，选择一种风范，选择一种壮美。

古罗马有个皇帝，常派人观察那些第二天就要被送上竞技场与猛兽空手搏斗的死刑犯，看他们在等死的前一夜是怎样表现的。结果，发现栖栖惶惶的犯人中居然有能呼呼大睡且面不改色的人，这些人在第二天早上被偷偷释放，训练成带兵打仗的猛将。无独有偶，中国也有个君王，在接见新来的臣子时，总是故意叫他们在外面等待，迟迟不予理睬，再偷偷看这些人的表现，并对那些悠然自得、毫无焦躁之容的臣子刮目相看。

一个人的胸怀、气度、风范，可以从细微之处表现出来。或许，古罗马的那位皇帝及古中国的那位君王之所以对死囚或新臣委以重任，便是从他们细微的动作、情态中看到了与众不同的潜质，看到了那份处变不惊、遇事不乱的从容。

喜欢看战争片或灾难片的人，都会折服于影片中主人公面对枪林弹雨，面对飓风、地震、洪水、沉船或外星生物的入侵等极度危险、十万火急的非常时刻所表现出的那种沉稳、坚毅，那种从容自若。从容是傲松之于严冬：“大雪压青松，青松挺且直。”（陈毅《冬夜杂咏》）从容是义士之于刑枷：“我自横刀向天笑，去留肝胆两昆仑。”（谭嗣同《狱中题壁》）从容是智者之于声色利诱：“非淡泊无以明志，非宁静无以致远。”（诸葛亮《诫子书》）从容，才能临危不乱，才能举止若定，才能化险为夷。诸葛亮以“空城计”击退司马懿数十万大军，他那过人的胆略和超常的镇定、从容，被传为千古佳话。只有从容地面对人生的选择，不惧怕危难，才能懂得生存的真谛。

在瞬息万变、诱惑四伏的现实社会里，更需要人们保持一种平淡沉稳、从容自若的心态。远离浮躁，从容选择，是一个现代人适应社会环境的基本要求。某公司总裁的用人之道别具一格，他往往在公司职员没有任何思想准备时，对他们进行降职。那些怨天尤人、灰心丧气者被淘汰，而处变不惊、从容应对者最后都备受青睐。逆境，抑或突如其来的变故与危机，都是很好的试金石，能明晰地鉴定一个人素质的优劣、强弱。甚至那些养鸟的行家，在选鸟的时候，都要故意去惊吓那些鸟，绝不选那种稍受一点儿惊吓就扑扑拍翅、乱成一团的鸟。

只有从容地面对人生的选择，才能使我们不断地摆脱困境，最终获得人生的幸福美满。

选择握在你手

选择的权利就握在你手中

在有限的生命中，上苍赋予我们许多宝贵的礼物，选择的权利就是其中一项。

既然上苍将其赐给了我们，我们就有权利思考、行动。一般人总以为只有在决策时才需要选择，其实，除了进行决策，我们所做的每件事情也都是选择。

正因为这是上苍赋予人类的礼物，所以，不论面对何事，我们都可以自行决定是不是要插手。暂且不管我们作了什么选择——勇于面对事情也罢，逃避现实也好，只要一抉择，我们就会感到那种控制力又回到身上。

很多人老是抱怨自己活在别人的阴影下，什么事都由别人控制着，自己就像傀儡一样任人摆布。殊不知，要怎么活是自己选择的，哪能怪得了他人？

假如你也有过丧失了控制力的感觉，你首先需要做的就是自省，自己是不是了解自己拥有的选择权利？你有没有充分运用它？

想要对自己好一点，就该善用你的选择权。没有人能完全左右自己的命运，但至少应该充分掌握选择的权利。若抉择之后，又全力以赴，成败就不必计较了。

学会选择，不要被他人所左右

学会选择，不要被他人的论断束缚自己前进的步伐。追随你的热情，追随你的心灵，它们将带你到你想要去的地方。

剑桥郡的世界第一名女性打击乐独奏家伊芙琳·格兰妮说：“从一开始我就决定：一定不要让其他人的观点阻挡我成为音乐家的热情。”

她成长在苏格兰东北部的一个农场，8 岁就开始学习钢琴。随着年龄的增长，她对音乐的热情与日俱增。但不幸的是，她的听力却渐渐下降。可是，她对音乐的热爱却从未停止过。

她的理想是成为打击乐独奏家，虽然当时并没有这么一类音乐家。为了演奏，她学会用不同的方法“聆听”其他人演奏的音乐。她只穿着长袜演奏，这样就能通过身体和想象感觉到每个音符的震动，她几乎用所有的感官来感受着她的整个声音世界。

她决心成为一名音乐家，而不是一名聋的音乐家，于是向伦敦著名的皇家音乐学院提出了申请。以前从来没有一个聋学生提出过申请，一些老师反对接收她入学。但是，她的演奏征服了所有的老师，她顺利地入了学，并在毕业时荣获学院的最高荣誉奖。

从那以后，她就致力于成为第一位专职的打击乐独奏家，并且为打击乐独奏谱写和改编了很多乐章。格兰妮一直坚持自己的选择，并没有因为医生诊断她完全变聋而放弃追求。最终，她凭借着热情和信心取得了成功，成为世界上第一位专职的打击乐独奏家。

别选择烦恼

一位老太太的两个女儿都出嫁了。大女儿家做雨伞，小女儿家做布鞋。天晴时，老太太发愁，大女儿的伞卖不出去，日子怎么过？下雨时，老太太也发愁，小女儿的布鞋没人要，一家人怎么活？这天空不是晴就是雨，老太太就天天愁、月月愁、年年愁。

有位年轻人劝老人说：“你应该掉过头来想，天晴时想，小女儿可好了，这天气布鞋好卖；下雨时想，大女儿可好了，这天气雨伞热销。”老太太顿然释怀。这以后，老太太天天乐、月月乐、年年乐。

由此可见，选择的角度不同，对问题的看法就会相差很远。尤其是面对生活中的困难和挫折，只要不局限于传统习惯，从另一种角度去看，便会产生截然不同的结果。

对事物的看法没有绝对的对错之分，但有积极与消极之分，而且每个人都必定要为自己的看法承担后果。消极思维者对事物永远都会找到消极的解释，并且总能找到抱怨的借口，最终得到消极的结果。接下来，消极的结果又会强化消极的情绪，使他成为更加消极的思维者，形成恶性循环。正如叔本华所言："事物的本身并不影响人，人们是受到对事物看法的影响。"我们不能改变环境，至少可以改变内心的想法和看待事物的态度。我们不可以改变容貌，但可以展现笑容；我们不能控制他人，但可以掌握自己；我们不能预知明天，但可以利用好今天；我们不可能每战每胜，但可以尽心尽力。只要我们选择积极的思维，就能抛却烦恼，取得意想不到的收获。

选择的重要性

选择具有神奇的力量

不管你信仰什么，你都具备选择的力量。你能选择鞋、服装、广播节目、电影、汽车、伴侣等。你有这种能力，没有任何来自你之外的东西迫使你做出这些决定。你作了决定，因为你做了选择。你做出了这样的选择，因为你希望它是这样。如果这是个糟糕的选择，我们就希望有个什么人或什么东西可以让我们去责怪。于是，有人就说："这是上帝的旨意。"但是，是这样吗？你可能很熟悉那句老话："自助者，天恒助之。"不管有关上帝的传说我们信还是不信，上帝确实赋予了每一个男人和女人自助的权利——换句话说，选择的权利。

在这个世界上，除了我们错误的选择，没有什么会主动伤害我们。如果我们选择吃得太多并因此生病的话，该怪谁呢？如果我们选择将车开得太快以致最终失去控制的话，该怪谁呢？如果我们选择使自己的性格龌龊，令人讨厌，该怪谁呢？如果我们要把钱带进棺材，成为"坟墓中最富有的人"，却使自己成了病人的话，该怪谁呢？如果我们没有学会怎样生活，该怪谁呢？其实，这不能怪任何人。这都是由于我们没有正确地运用上帝赋予我们的最伟大力量——选择的力量，才伤害了自己。

当你明白了决定的意义时，便会晓得这种力量早就蕴藏在自己身上。它不是有权有势的人的专利品，而是属于所有的人。请问你今天是否愿意为自己的未来做出决定?

有很多人或许会说:“好吧，我也愿意为将来做个决定，问题是我不知道该怎样做决定。”只因为不知道方法便不敢做决定，往往会失去实现梦想的机会，结果一生便会过得平淡乏味。在此请你记住，不知道怎么做决定并不重要，重要的是你要决心找出一个办法来，不管那是个什么样的办法。只要你做出选择，你便会发现，它可以给你带来神奇的力量。

选择决定人生

在人生的航程中，必须有这样的选择：你是任别人摆布，还是坚定地自强；是总要别人推着你走，还是驾驭自己的命运，控制自己的情感。

每个人都会经常面临选择，这就好比生老病死构成了人的根本处境和命运一样。政治因素、社会因素、经济因素、心理因素、伦理道德因素、法律因素，还有文化和哲学因素……统统都纠结、交错在一起，共同参与、决定了一个重大的选择点。每个重大的选择，无一例外都是上述诸因素的合力的结果。一次选择即是一个人的人生价值观念的一次大暴露。不仅是意识层的暴露，更是潜意识层的暴露，因为潜在动力更具有决定作用。

人的本质是通过他所选择、所追求的对象充分显示出来的。你选择什么，追求什么，你的本质就是什么。这是一点也不含糊的，灵敏度极高、准确率极高的“指示剂”。

选择伴随着我们的一生，也决定了我们一生的成败和优劣。选择仿佛是我们的身影，仿佛是竖立在我们人生曲折道路上的一块块路标。

人生哲学研究表明，出身不是很重要，因为它是偶然发生的、非选择性的。人生的真正起点是主动选择。唯有主动选择才能有你的“自我”，有你的“自我表现”机会，你才能为你自己的主体。

贝多芬就公开藐视家庭出身，高度赞美选择。在他看来，公爵之所以成为显赫人物，仅仅是由于出身这一纯偶然因素造成的，而贝多芬之所以成为贝多芬，全在于他自己的选择，全在于他自己的坚强意志、奋斗和努力。

在我们一生中，几次关键性的、决定我们一生成败和优劣的选择集中表现在事业和爱情上。所谓的选择，即命运的选择、事业和爱情的选择。

在我们的一生中，事业的选择并不是一次性的，并不是一锤定音。第一次选择当然最重要，它一般发生在高中毕业时。当你既酷爱钢琴又迷恋物理学，在报考音乐学院和物理系之间做决定性选择时，你一定深感痛苦。因为你两样都爱，都想把它们抓住不放，决不甘心放弃其中一样。最好的选择方案可能是读物理系，把钢琴作为业余爱好，成为你终生快乐、安慰的源泉。即便是进了大学物理系，也会面临选择。比如，在理论物理和实验物理之间进行选择。也许，最富有戏剧性的选择是当你读到三年级时，你突然对诗歌和小说创作发生了极大兴趣，这种兴趣竟超越了物理学。这次在文学和物理学之间开始了新的选择，这时需要极大的勇气，因为你要抗拒来自外界的强烈舆论和环境的压力。

听从你的内在声音吧，新的选择会使你不断“发现自己”。

人生的一大悲哀，莫过于让别人替自己选择，那岂不成了被人操纵的机器。掌握自己的命运，要靠自己正确的选择。只有成功的选择，才能造就成功的人生，似乎已成为人生不成文的一条定理。

抓住人生选择的关键时期——青年时期，一个人今后从事哪种职业，会走什么样的道路，其大势多半在这期间即已确定。当然，也有例外。但无论如何，一个人在青年时期所做的选择，尤其是内心的选择，无疑将影响其终身。选择是自由的，也是痛苦的。对那些聪明能干，具有多种潜能的人来说，目标不明，举棋不定的痛苦尤为深刻、强烈；选择须是明确的、果敢有力的。

每个人的人生都会面临很多次选择，好好把握你的人生吧，抓住选择的有利时机，你的生命就会因此而开出美丽的花朵，结出丰硕的果实。

选择你的财富

财富源于选择

100 年前，有个聪明的人熟知蒸汽机的广泛用途。他也看到密歇根州的小麦和牧草白白地烂在地里。于是，蒸汽和磨面机械被他有机地结合起来。机器声依然像以往那样“隆隆”地吼叫着、运转着，可是这一回它使得密歇根州开始向饥饿的纽约和英国提供面粉。厚厚的煤层自洪荒以来一直被埋在地底下，直到有人用镐头和绞车把它从地下挖出来。从此，它作为一种可以转移的气候，把赤道的热量送往拉布拉多和极地。于是，我们称它为黑钻石，因为每一筐煤炭都蕴藏着能量和文明。自从瓦特和斯蒂文森发现每半盎司煤炭即可把两吨货物牵引 1 英里后，以煤运煤的火车和轮船很快就使高纬度的加拿大变得像加尔各答一样温暖宜人，随之而来的便是当地工业实力的大幅提升。

当贩夫把南方的水果运进北方的城镇时，其价值比留在树枝上、掉落在地上的那些要贵上 100 倍。商人的本领就是把货物从盛产之地运送到稀缺的地方，实现供需的动态平衡。

通过正确运用这种选择的无穷力量，你一定能很快地改善财政和金融的不良状况。

财富积累的脉络在日常生活当中清晰可见：当你拥有结实的屋顶，它能够抵挡风雨的侵袭；当你打了一眼水井，它能供人们汲取大量清甜的水；当你置备两套外衣，便可以在汗湿之后及时更换；当你有干柴可烧，有双芯油灯照明，有一日三餐充饥，有干活的工具，有可读的图书，有一匹马或一列火车载你穿过大地，甚至有一条船去航海，并且靠着这些工具和附属物品，你能在各个方面尽可能广泛地增强自己的威力，这就好比你增添了手脚、眼睛、血液、时间以及知识和善意——圣人之所以为圣，是善假于物的结果。

要使自己拥有财富的思维

假如我们能改变自己关于经济状况的想法的话，其他方面的变化也会随之出现。所以，我们应该去选择有意义的、健康的财富思维。

通过正确使用选择这种伟大的力量，你肯定能让自己的财富状况发生变化。许多人都没有正确地使用这种力量，从而导致他们成为自己最不愿面对的那种东西的奴隶。有个青年人，生活艰难得如同在苦海中挣扎。有很长一段时间，他都没有工作。最后，他找到一份让人一点都不值得骄傲的工作。这个青年人已经结婚并有了一个孩子，但他只能昧着良心说："我不想挣大钱。"每一天，他都尽量节省几个钱存起来，以便他的孩子长大后可以去读书。他放弃去繁华市中心而选择看街道放映的露天电影，因为这样他能节省 2 角 5 分钱；他从不去好一点的饭店吃饭，因为那里的花费比较贵；他买东西时，只选择省钱的那种；他也不能带家人外出度假，因为他没有钱。但他还是昧着良心说："我不想挣大钱。"

由此观之，对数以万计的人深陷在贫困之中，你还会感到奇怪吗？他们选择让自己继续在贫困中生活，但却没有意识到这一点。他们没有意识到选择的巨大力量。很多人只能精打细算地过日子，否则他们的生活就没法过下去。这些人完全可以选择这种巨大的力量，他们本可以用生活中那些美好的东西来充实自己的大脑。

但是，我们每天都会听到有人在抱怨："我很想买那件东西，但我没有钱。""我没有钱"这可能是事实，但不能这么说。假如你继续说"我没有钱"，"没有钱"将会伴你一辈子。选择一种上进的思想，例如，“我得买下它，我要拥有它”。当要买下它、拥有它的思想出现在你的脑海时，你就逐步地建立了期待的想法，于是你的生活就出现了希望。千万不要毁灭自己的希望，否则你就会将自己带进一种无聊、困惑、失望的生活中去。

选择你的环境

选择你的人生环境

每个人刚刚降临到人世时，就遇到前人创造出的现成的社会环境。对于这种既成的事实，人们是无法选择的。人们面临的社会环境有大环境和小环境之分，社会大环境是指整个社会环境及其发展趋势、水平、性质和状态。人与社会大环境有着极为密切的关系，人只能在一定的社会大环境范围内活动，但这决不等于说人只能消极地适应社会大环境。在一定程度上人可以改变社会大环境，创造和发展社会大环境。

家庭是个人接触的第一个社会小环境，家庭是每个人人生旅途的大本营。个人从生理成长、心理发展及生活技能的学习和积累上，都要紧密地依靠家庭。家庭是指导儿童踏上生活之路的第一所学校；家庭里的人和一切物品是孩子面临的第一个世界；家庭里的欢声笑语、悲啼哭泣是孩子耳闻的最初音响；家庭里的父母兄妹是孩子接触的第一个群体；家庭里的一言一行是孩子学习的第一个典范。所以，家庭对于儿童来讲具有重要的教育职能，家庭教育的优劣往往影响人的一生。家庭不仅有教育的职能，而且可以给人带来温暖，可以给人以心理上、精神上的满足。

学校是人社会化的重要场所，是影响个人的极为重要的社会小环境。学校能有目的、有系统、有组织地对人进行社会化。学校不仅传授给学生一定的文化知识，而且教导学生自觉遵守行为规范。后者是社会化的一个重要内容。学校的作用之一就是要把各种类型的社会行为规范教给学生，使学生在一生中都能自觉遵守。在人生的整个过程中，需要学习的行为规范很多，其中大多是在学校中学到的。

此外，一个人所接触的社会成员对个人的影响也是很大的。与生活的强者来往将给你力量，与品德高尚的人来往将给你精神，与学者来往将给你知识，与正直者来往将给你勇气，与聪明者来往将给你智慧。相反，与市侩来往你得到的是庸俗，与无为者来往你得到的是消沉，与强盗来往你得到的是残忍和肮脏。总之，与好人来往你将得到真善美，与坏人来往你将得到假恶丑。

社会小环境对人的社会化有着巨大的影响，对人的个性发展也有着极为重大的影响。社会化对于个人来说，既是发展人的社会性的过程，也是完善人的个性的过程。人的个性是在社会化的过程中形成的。通过社会化，人们学习了基本的生活技能，养成了一定的生活习惯，接受了社会的生活目标和社会规范，确立了一定的世界观、人生观、价值观。在社会化过程中，人们接触社会的各个方面直接参与社会生活，逐渐地形成一定的兴趣、能力、性格。人的个性受先天素质、个人经历、家庭背景、学校教育等影响，同时也受社会大环境的影响。在人的继续社会化和强制教育的再社会化的过程中，社会大环境的影响更大一些，而社会小环境对人的个性的影响则更具体一些。

总之，每个人都是自己的人生环境的主人，都应当以主人的姿态去选择、去影响、去净化、去改变人生环境。

选择你的工作环境

想提高工作效率，就必须选择舒适一点的工作环境。

照明设备不佳，直接影响工作效率。尽管头脑清晰，如果眼睛疲劳，效率一样不高。不光是照明设备，只要是目光所及，都会影响到自己的感觉及心理反应。譬如，工作场所的墙壁不适合漆上刺眼的红色。当然，太暗的颜色也不好，最好是具有安定情绪作用的色调。

想要提高工作效率，选择合适的工作场所也是很重要的。工作内容不同，工作场所自然就要变动。譬如，需要参考许多资料的工作，自然就要在参考资料随手可得的地方。否则，缺乏参考资料，即使再认真，效率一样低落。这个道理虽然人人都懂，但奇怪的是，仍然有很多人弃之不顾，尽是做些没有效率的事情。

总之，任何一个工作环境都有其特定的性质。我们必须事先了解其优点及缺陷，然后根据所要完成工作的性质，去选择你的工作环境，这样有利于提高工作效率。

选择你的生活环境

或许我们没有能力去创造一个适合自己的生活环境，但可以去选择一个这样的生活环境。

儒学大师孟轲小时候家住在一片坟地附近，常常去看人家举行葬礼。久而久之，孟轲就和一些小孩去玩埋葬祭祀的游戏。孟轲的母亲觉得这个环境对孩子的成长不利，就把家搬到一个集市的附近。可是，这一次他家整天耳边充斥着叫卖声，孟轲又开始和别的孩子玩做生意的游戏。孟母觉得这种环境对孩子的成长更不利，于是又一次举家搬迁。这一次，孟母把家搬到一所学校附近定居下来。打这以后，孟轲开始受读书人的影响，渐渐地在琅琅读书声中得到熏陶，懂得了读书做人的道理，努力读书，终于成了一代儒学大师。

这就是至今传为美谈的《孟母三迁》的故事。生活环境虽是外因，但有时也能起到关键作用。石头里蹦不出小鸡，但鸡蛋如果离开适宜的温度也不会孵出小鸡，在冰天雪地中它会冻裂，在开水中会烫熟，哪能再变成小鸡呢？对于生活环境的重要性，我国古代早就有精辟的论述，如“近朱者赤，近墨者黑”“蓬生麻中，不扶自直；白沙在涅，与之俱黑”。我们要善于选择对自己有利的生活环境。俗话说得好：“树挪死，人挪活。”

我们不可以控制环境，但可以控制想法

我们都知道，外部环境总是时好时坏。有的人甚至在情况好的时候都活不下去，更不要说情况糟的时候了。这主要是因为他们没有运用这种最伟大的力量——选择的力量。当困难到来时，许多人都往后退缩，心里充满失意与落魄，等着政府采取措施来改变这种状况。而有一部分人则会运用这种最伟大的力量——选择的力量。这种人即使在困难时期也可能取得成功，许多伟大的事业都是在困难时期开始并建立起来的。这些事业的创始人拒绝迷信所谓的困难时期，无论如何他们总是要朝前走，最终他们成功了。

每一个有常识的人都懂得一个道理：自己不能控制周围的环境，除非你正好做了政府的首脑，因为那样的话，你也许可以发号施令，对周围的环境进行有效控制。我们虽然控制不了环境，但能够控制内心的想法，而且通过对内心想法的控制，通过对这种最伟大的力量——选择的力量的运用，我们可以对周围的环境进行间接的控制。

这就是选择的力量：我们虽然不可以控制我们的环境，但却可以控制我们自己的想法。那么，为什么你不选择积极的想法呢?

第七卷

获取成功的精神因素

原著［美］克莱门特·斯通

关于本书

虽然许多人认为《获取成功的精神因素》是美国保险业巨子克莱门特·斯通的作品，但美国人汤姆·巴特勒-鲍登却在《一生要读的50本成功经典》中指出《获取成功的精神因素》是克莱门特·斯通和“成功学之父”拿破仑·希尔的合著。

《获取成功的精神因素》是希尔完成《思考致富》多年后与克莱门特·斯通创作的，其中包含了许多因为阅读《思考致富》而改变了人生的人们的故事，如澳大利亚游泳冠军道恩·弗雷泽。《思考致富》是一部励志书籍，是对美国最成功的人士展开20年研究后完成的，而《获取成功的精神因素》更为全面，指导人们在生活的各个领域中如何取得成功。

拿破仑·希尔和克莱门特·斯通都是研究成功学的伟大学者。不过，在他们合写的这本书里，他们决定把“积极的心态”作为重点。他们在对成功人士展开数年研究之后发现，这是所有成功人士的共同特点。

希尔和斯通发现的另一个成功因素是，“花费了更大的气力”。例如，托马斯·爱迪生做了1万次实验，才发明了白炽灯泡。情况经常是：你只要再多尝试一次，就能取得成功，但消极的心态会导致你在黑暗变成光明之前的一瞬间放弃努力。

积极的心态

积极心态的力量

事业或学业成功的人往往能充分运用积极心态的力量。人人都希望成功会不期而至，但绝大多数人并没有这样的运气或条件。就是有了这些条件或运气，我们也可能感觉不出来。很明显的东西往往容易被人忽略，每个人的积极心态就是他的长处，这是毫不神秘的东西。

亚历山大大帝有一次大送礼物，表示他的慷慨。他给了甲一大笔钱，给了乙一个省份，给了丙一个高官。他的朋友对他说："你要是一直这样做下去，你自已会一贫如洗。"亚历山大回答说："我哪会一贫如洗，我为我自已留下的是一份最伟大的礼物，我所留下的是我的希望。"

克莱门特·斯通指出：人的心态是随着环境的变化，自然地形成积极和消极两种的。思想与任何一种心态结合，都会形成一种"磁性"力量，这种力量能吸引其他类似的或相关的思想。

这种由心态"磁化"的思想，好比一颗种子，当它培植在肥沃的土壤里时，会发芽、成长，并且不断繁殖，直到原先那颗小小的种子变成了数不尽的同样的种子。

这就是心态之所以产生重大作用的原因。积极的心态，能够激发起我们自身的所有聪明才智；而消极的心态，就像蛛网缠住昆虫的翅膀、脚足一样，束缚我们才华的光辉。

柯林·鲍威尔是牙买加移民的儿子，他从布龙克斯的街巷里走出来，最终成长为参谋长联席会议主席和在美国最受尊敬的人物之一。在他的畅销书《美国之路》中，他列举了30条他严格恪守的生活准则，其中有不少体现了乐观主义的基本价值，很值得我们借鉴。

千万不要把事情想象得那么糟，也许明天早晨它会有转机。

这事儿能做！

不要让任何不利的事实来妨碍你做出一个好的决定。

不要向恐惧退让，也不要轻易向对手妥协。

永远的乐观主义，是一个力量的加倍器。

像鲍威尔这样的乐观主义者，总是相信权力和控制出自他们自身。

成功源于积极心态

培养积极之心是生命中最重要的一环。所谓积极之心，包括所有“正面”的特质，如自信、希望、乐观、勇气、慷慨、机智、仁慈及丰富的知识。对人生态度积极的人，必有远大的目标并为此不懈努力。

有些人虽然有积极的心态，但一遇到挫折就会失去信心。他们不了解成功需要用积极的心态去不断尝试，成功正是源于积极的心态。

几乎所有白手起家的成功者，都有一个共同的特点，那就是具有积极的心态。他们运用积极的心态去支配自己的人生，用乐观的精神去面对一切可能出现的困难和险阻，从而保证了他们不断走向成功。而许多一生潦倒者，则普遍精神空虚，以自卑的心理、失落的灵魂、失望悲观的心态和消极颓废的人生目的做前导，其后果只能是从失败走向新的失败，甚至是永驻于过去的失败之中，不再奋发。

仔细观察比较一下大多数人与成功者的心态，尤其是关键时候的心态，就会发现“心态”导致人生惊人的不同。

克莱门特·斯通告诉我们，心态在很大程度上决定了人生的成败。我们怎样对待生活，生活就怎样对待我们；我们怎样对待别人，别人就怎样对待我们；我们在一项任务刚开始时的心态决定了最后有多大的成功，这比任何其他因素都重要。

所谓的积极心态，就是一种进取心。这是一种极为难得的美德，它能驱使一个人在不被吩咐应去做什么事之前，就能主动去做应该做的事。

我们创造了自己的环境——心理的、情绪的、生理的、精神的——我们自己的态度决定我们的人生。

积极的心态并不能保证事事成功，但积极心态肯定会改善一个人的日常生活。可以肯定的是，相反的心态则必败无疑，从来没有消极悲观的人能够取得持续的成功。

也许你现在已经确信一点，积极的心态与消极的心态一样，它们都能对你产生一种作用力，不过两种作用力的方向相反，作用点相同，这一作用点就是你自己。为了获取人生中最有价值的东西，为了获得自己家庭的幸福和事业的成功，你必须最大限度地发挥积极心态的力量。

培养积极心态的 8 个步骤

积极心态不是与生俱来的，它可以通过自觉意识来培养。培养积极心态一般可分为以下 8 个步骤。

（1）多与乐观者在一起，不要浪费时间去阅读别人悲惨的详细新闻。在开车上学或上班途中，听听电台的音乐或自己的音乐带。如果可能的话，和一位乐观者共进早餐或午餐。晚上不要坐在电视机前，要把时间用来和你所爱的人谈谈天。

（2）改变习惯用语。不要说“我真累坏了”，而要说“忙了一天，现在心情真轻松”；不要说“他们怎不想想办法”，而要说“我知道我将怎么办”；不要说“为什么偏偏找上我，上帝”，而要说“上帝，考验我吧”；不要说“这个世界乱七八糟”，而要说“我要先把自己家里弄好”。

（3）向龙虾学习。龙虾在某个成长的阶段里，会自行脱掉外面那层具有保护作用的硬壳，很容易受到敌人的伤害，但它却能有效的保护好自己，直到长出新的外壳为止。生活中发生变化是很正常的，每次发生变化总会遭遇到陌生及预料不到的意外事件。要敢于应对危险的状况，对未曾见过的事物要培养出信心来。

（4）重视自己的生命。不要说：“只要吞下一口毒药，就可获得解脱。”不妨这样想：“信心将协助我渡过难关。”由于头脑指挥身体如何行动，你不妨从事最高级和最乐观的思考。

（5）从事有益的娱乐与教育活动。观看介绍自然美景、家庭健康以及文化活动的录像带。挑选电视节目及电影时，要根据它们的质量与价值，而不是注意商业吸引力。

（6）在幻想、思考及谈话中，时刻表现出你的健康状况很好。每天对自己做积极的自言自语。不要老是想着一些小毛病，像伤风、头痛、刀伤、擦伤、抽筋、扭伤等。如果对这些小毛病太过注意了，它们将会成为你“最好的朋友”，经常来“问候”。脑中想些什么，身体就会表现出来。

（7）在生活中的每一天里，写信、拜访或打电话给需要帮助的某个人。向某人显示你的信心，并把你的信心传给别人。

（8）把星期天变作培养“良好信心”的日子。到野外郊游，找一两个知心朋友小聚，看一本自己喜爱的书，和家人共进晚餐等，这些美好的情景都能帮助找回信心。

正确的思考

突破常规，正确思考

传统的想法会冻结你的心灵，阻碍你的进步，干扰你的创造能力。以下是对抗传统性思考的方法。

要乐于接受各种创意。要摒弃“不可行”“办不到”“没有用”“那很愚蠢”等思想渣滓。

要主动前进，而不是被动后退。

成功的人就像成功的企业一样，总是带着问题而生存。做任何事情，总有改进的余地。成功者能认识到这一点，总在探索一条更好的道路。

突破常规不仅要求打破传统思维，建立理性的思维，还要求人们敢于幻想。

每一个人都具有想象力，而想象力正是创造力的源泉。将梦境中所见尽量描绘出来，就是一种想象力的运作。发明一样东西或创造一样东西，也都是在发挥想象力。

想象力丰富的人，好奇心会比别人强10倍。

一个人如果缺乏好奇心，却想做一位出色的实业家，那是相当困难的。好奇心强烈的人，不但对于吸收新知识抱有高度的热忱，并且经常搜寻处理事物的新方法。因此，一个人如果没有了好奇心，就不可能花心思研究新事物，只能是遵循前人的步伐原地踏步而已，更不用说会有惊人的成就出现了。

成功是“想”出来的

积极思考是由敢想和会想两个方面构成的，那些成功的人大多因为具备这两种素质，所以才有惊人之举，因为敢想才能敢干，会想才能巧成。

当别人失败时，你如果可以从他人的失败中得出正确的想法，并继之以行动，你就有可能成功。当你自己失败了，你也只需转换一个正确的想法，紧跟一个行动，你还是可以获得成功。

1939 年，美国芝加哥北密契根大道的办公楼群门可罗雀。很多豪华大厦里面都是空空如也，没有一丝忙碌的气氛。一栋楼出租了一半就算是幸运的。这是商业不景气的一年，消极的心态像乌云一般笼罩在芝加哥不动产置业者的心头。就在这时，一位抱着积极心态的经理进入这个景象黯淡的地区。萧条的景象反而给了他一个奇特的想法，他也毫不犹豫地依着这个想法行动了起来。

这个人受雇于西北互助人寿保险公司，负责管理该公司在北密契根大道上一栋大楼，公司是以取消抵押品所有权而获得这栋大楼的。他开始做这份工作时，这栋大楼只租出 10% 。但不到一年，他就把它全部租出去了，而且长长的待租人名单送到他的面前。记者采访他时，他介绍了他对整件事情的思考：我准确地知道我需要什么。我要使这些房间能 100% 地租出去，在当时的情况下，要做到这点是很难的。因此，我要把工作做到万无一失，必须做到以下几点。

（1）选择称心的客户。

（2）增强吸引力：给客户提供芝加哥市最漂亮的办公室。

（3）租金一定要比客户现在所付的房租低 5% 。

（4）如果客户按为期一年的租约付给我们同样的月租，我就对他现在的租约负责。

（5）要免费为客户装饰房间。我要雇用富有创造力的建筑师和内装工，根据新客户个人好恶来改造装饰每一间办公室，使他们真正满意。

我通过推理，得到下列几个方面的认识。

（1）如果一个办公室在以后几年中还不能出租，我们就不能从那个办公室得到收入。我们这样做到年底可能得不到什么收益，但这种情况总不会比我们没有采取任何行动时的情况更糟。而我们现在的境况应该更好，因为我们满足客户的需要，他们在未来的年份中会准时如数地交付房租。

（2）以一年为基数。在大多情况下，房间仅仅空几个月，就可接纳新的客户。这样，我们就有可能在尽可能短的时间内得到新的租金。

（3）在一所设备良好的大楼里，如果一个客户一定要在租约期满的一年的末了退租，也比较易于再租。免费装饰办公室也不会得不偿失，因为会增加全楼的股票价值。结果证明，装修后的效果十分不错。每一间新装修过的办公室似乎都比以前更为富丽堂皇。客户都很热心，愿意花费额外的金钱。有一个客户在改建施工任务中就花费22000 元。

不妨让我们对整个过程再回顾一次，从而使我们获得更为清晰的了解及深刻的认识。有一个人面临一个严重的问题，他手上有一栋巨大的办公大楼可是这座大楼 9/10 的办公室都是空闲未被租用的。然而，在一年内大楼便 100% 地出租了。现在，就在隔壁，仍有几十座大楼是空荡荡的。而造成这种天壤之别的决定性因素就是经理人不同的思考角度及不一样的心态。

一种人说："我有一个问题，那是很可怕的。"

另一种人说："我有一个问题，那是很好的！"

如果一个人能够抓住他的问题尚未显露时的好机会，洞察它并寻求解决，他就是懂得正确思考之要义的人。如果一个人能形成一种有效的想法，紧接着付诸实践，他就能把失败转变为成功。

成功是“想”出来的。只有敢“想”、会“想”的人，才会是成功的候选人。如果一个人善于思考，那么他就可以把别人难以办成的事办成，把自己原本看起来办不成的事情办成。

自我的控制

自控才能控人

自控的习惯有两大优点：一是观察别人的变化，找出破绽；二是免增烦恼，静心做自己的事。

一个人如果没有控制情绪的习惯，随时都有可能失去行为的尺度。凡是成大事者，不是让情绪驾驭自己，而是自己驾驭情绪，成为情绪的主人。例如，他们抑制冲动、避免争论、善听批评、开放胸怀、力戒不满。这些控制情绪的习惯，看起来不起眼，实则是人际沟通中不可缺少的。

在任何场合，我们都有可能会遇到不顺心的事，甚至是自己被羞辱的事情。在这种情况下，首先要做到的就是保持冷静，再根据自己所处的环境，抓住有利时机进行还击。虽然人人都有不易控制自己情绪的弱点，但人并非注定要成为自己情绪的奴隶或喜怒无常心情的牺牲品。

要想维护自己的正当利益，仅仅愤怒是不够的，还应该经由理性思维找出更好的应对招数或策略。

当一个人对自己有了正确的、全面的了解时，他也同时能以一种理性的方式去思考别人和周围的事物。环境的突变、事件的突发，他都能理智分析，泰然处之。理性的人善于控制自己，他能够很快适应周围的人。由于他的自控能力，别人会更加尊重他。

完美的自控能力

完美的自控能力往往可以帮助一个人成就大事。

亚伯拉罕·林肯刚成年时，是一个性急易怒的人。但后来，他学会了自制，成为一个富有同情心、具有说服力的人。他曾对陆军上校福尼说："我从黑鹰战役开始养成了控制脾气的好习惯，并且一直保持下来，这给了我很大的益处。"

你要衡量一个人的力量，必须是以他能克制自己情感的力量为标准的，而不是看他发怒时所爆发出来的威力。你有没有见过这样的人，当他遭受到公然的凌辱，只是脸色变得稍微有些苍白，就立刻平静作答的？或者，你有没有见过一个人陷入极度的痛苦，却仍然站得像石雕，一动不动地控制自己的？或者你有没有见过，一个人每天忍受着敌方严酷的审讯，而一直保持沉默，没有向他们透露一丝关于内部的信息？这才是真正的力量。那些遭遇到挑衅但仍然能控制自己并宽恕别人的人才是真正的强者，才是精神上的英雄。

有一个作家说："如果一个人能够对任何可能出现的危险情况进行镇定自若的思考，他就可以非常熟练地从中摆脱出来，化险为夷。而当一个人处在巨大的压力之下时，他通常无法获得这种镇定自若的思考力量。要获得这种力量，需要在生命中的每时每刻，对自己的个性特征进行持续的研究，并对自我控制进行持续的练习。而在某些紧急的时刻，有没有人能够完全控制自己，这在某种程度上决定了一场灾难以后的发展方向。有时，也是在一场灾难中，这个可以完全控制自己的人，常常被要求去控制那些不能自我控制的人，因为那些人由于精神系统的瘫痪而暂时失去了做出正确决策的能力。"

自我控制的能力是高贵品格的主要特征之一。能镇定且平和地注视一个人的眼睛，甚至在受到极度刺激的情况下也不会有一丁点儿的脾气，这会让人产生一种其他东西所无法给予的力量。人们会感觉到，你总是自己的主人，你随时随地都能控制自己的思想和行动，这会给你品格的全面塑造带来一种尊严感和力量感，而这是其他任何能力都达不到的。

培养超人的自控能力

自制能力就是在日常生活和工作中，善于控制自己情绪和约束自己言行的一种能力。一个意志坚强的人是能够自觉控制和调节自己言行的。如果一辆汽车光有发动机而没有方向盘和刹车的调节，汽车就会失去控制，不能避开路上的各种障碍，就有撞车的危险。一个想要有所成就的人如果缺乏自制力，就等于失去了方向盘和刹车，必然会“越轨”“出格”，甚至“撞车”“翻车”。因此，要想取得成功，就必须培养自己的自控能力。

如何才能培养过人的自制力呢？有以下3个原则。

（1）尽量保持理智。

对事物认识越正确，越深刻，自制能力就越强。比如，有的人遇到不称心的事，就发脾气，训斥谩骂，而有的人却能冷静对待，循循善诱，以理服人。古希腊数学家毕达哥拉斯说：“愤怒以愚蠢开始，以后悔告终。”对自己的感情和言行失去控制的人，最根本的就是他没有认识到这种粗暴作风的危害性，因而造成不良影响。

（2）培养坚强的意志。

苏联教育家马卡连柯说：“坚强的意志不但是想什么就能获得什么的本事，也是迫使自己在必要的时候放弃什么的本事。没有制动器就不可能有汽车，而没有克制也就不可能有任何意志。”反过来也可以说，没有坚强的意志就没有自制能力。坚强的意志是自制能力的支柱。

（3）用毅力控制爱好。

一个人下棋入了迷或打牌、看电视入了迷，都可能影响工作和学习。毅力，可以帮助你控制自己，果断地决定取舍。毅力是自制能力果断性和坚持性的表现。有些人嘴上说要戒烟，但戒了没几天，就又开始抽了。主要是缺乏毅力。没有毅力，就没有果断性和坚持性，自制的效率就不高。可见，要具有强有力的自制能力，必须伴以顽强的毅力。

合作的精神

合作的重要性

每个人的能力都有一定限度，善于与别人合作的人，才能弥补自己能力的不足，才能达到自己原本达不到的目的。

有一句名言："帮助别人往上爬的人，会爬得最高。"如果你帮助一个孩子爬上了果树，你因此也就得到了你想品尝的果实，而且你越是善于帮助别人，你能尝到的果实就越多。

合作具有无限的潜力，因为它集结的是大家的智慧和力量；竞争的所得是有限的，因为它激发的是个人或少数人的力量。

合作就是个人或群体相互之间为达到某一确定目标，彼此通过协调作用而形成的联合行动。参加者须有共同的目标、相近的认识、协调的互动、一定的信用，才能使合作达到预期的效果。在合作中双方的目标是共同的，所取得的成果也是共享的。

合作是件快乐的事情，有些事情人们只有互相合作才能做成。美国加利福尼亚大学的查尔斯·卡费尔德教授对美国1500名取得杰出成就的人物进行调查和研究，发现这些人物有一些共同的特点，其中之一就是与自己而不是与他人竞争。他们更注意的是如何提高自己的能力，而不是考虑怎样击败竞争者。事实上，对竞争者的能力的担心，往往导致自己击败自己。

帮助别人就是强大自己，帮助别人也就是帮助自己。如果你帮助其他人获得了他们需要的东西，你也会因此而得到想要的东西，而且你帮助的人越多，你得到的也就越多。

如何培养合作精神

合作的好处颇多，该怎样培养合作精神呢？

（1）认识到你需要别人的帮助。

你不是生活在真空中，你不能在与世隔绝、孤立无援中实现自我价值。把健康的竞争和合作紧密结合起来，将有助你实现人生抱负。

（2）把合作看成一个获得成功的策略。

如果你能把合作看成一个获得成功的策略，你就能分享别人反馈的信息和益处。与通常的理论相反，并非每一次竞赛都产生失败者，最好的结果就是双赢。通过从合作的优点中受益，你就能成功地实现你所选择的目标，并帮助你周围的那些人也成功地实现他们的目标。

（3）学会重视别人。

不一定要做到认为每个人都比自己重要，但至少要认为别人和自己一样重要。最有影响力的人往往是这样对待别人的。

（4）学会欣赏别人。

人都有一种强烈的愿望——被人欣赏。欣赏就是发现价值或提高价值，个人总是在寻找那些能发现和提高我们价值的人。

如果你具备以上4种素质，就不愁找不到合作对象。

总结性经验

巧妙地“移植”成功经验

每个人的精力和时间都是有限的，我们不能也没必要要求自己事事都去亲身实践，虽然这样得出的经验比较直观、可信。我们完全可以通过巧妙的“移植”，来获取我们需要的成功经验。

把其他事物的特长和功能合理地移植过来，达到创造的目的，这一思维过程便是移植的过程。事物都是普遍联系的，巧妙地利用这种内在联系或相关联系，把现有知识或成果引入新的领域，往往能促使人们以新的眼光，从新的角度去发现新的事实，产生新的动力。

移植就是通过举一反三，把在某个领域里取得的经验移用到其他领域中去，把别人的学问转化为对自己有用的知识。移植法是类比法的进一步延伸。为了转移经验，首先要善于发现不同问题的相似之处，以他山之石攻己之玉，就能取得意外的成果。

如果你学会了巧妙地“移植”别人的成功经验，你便可以在成功的进程中进展飞速。

学会积累经验

获得经验的途径除了“移植”，最重要的就是积累。

经验是我们从实践中得到的认知，是一笔非常宝贵的精神财富。对经验进行总结，我们会重新得到新的东西。经验不断地累积，我们的见识就在不断地增长。

对于经验，我们是不需要给它穿上任何外衣的。反之，我们要经常一层层剥离它，最好是在经验的果核里，得到经验以外的东西。

经验不是我们在空想的世界里得到的，最好的经验是在艰苦的劳作中逐渐产生出来的汗水结晶。

我们要善于在失败中寻找经验，虽然为了得到经验你会创伤遍体，但创伤的内部却包含着许多有价值的东西，而这些有价值的东西常常又是成功中不可或缺的元素。

我们要学会主动挖掘经验，经验往往是在弱者与强者之间的撞击中产生的。作为弱者，要勇于向强者挑战，在挑战中获取新知；而作为强者，也要积极向弱者学习，在弱者身上汲取失败的教训。

经验是通往成功的捷径之一。经验就像一个终日忙碌的铺路人，为你走出思维狭小的通道，铺垫着经过精心打磨的石子。

我们不要固守过去的经验。经验是在不断更新的，我们要在不断更新的经验中，向更新的领域进取。

当经验成了一潭死水时，我们务必远离它；墨守成规的经验只能让我们做循规蹈矩的人。而活水里产生的经验永远取之不尽、用之不竭。